数据库 技术丛书

MongoDB Performance Tuning
Optimizing MongoDB Databases and their Applications

MongoDB性能调优实战

[澳] 盖伊·哈里森（Guy Harrison） 迈克尔·哈里森（Michael Harrison） 著

刘强 傅瞳 译

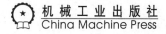

机械工业出版社
China Machine Press

图书在版编目（CIP）数据

MongoDB 性能调优实战 /（澳）盖伊·哈里森（Guy Harrison），（澳）迈克尔·哈里森（Michael Harrison）著；刘强，傅瞳译 . —北京：机械工业出版社，2022.9
（数据库技术丛书）
书名原文：MongoDB Performance Tuning: Optimizing MongoDB Databases and their Applications
ISBN 978-7-111-71616-7

Ⅰ. ①M… Ⅱ. ①盖… ②迈… ③刘… ④傅… Ⅲ. ①关系数据库系统 Ⅳ. ① TP311.132.3

中国版本图书馆 CIP 数据核字（2022）第 172474 号

北京市版权局著作权合同登记 图字：01-2021-6757 号。

First published in English under the title
MongoDB Performance Tuning: Optimizing MongoDB Databases and their Applications
by Guy Harrison and Michael Harrison
Copyright © Guy Harrison, Michael Harrison, 2021
This edition has been translated and published under licence from
Apress Media, LLC, part of Springer Nature.
Chinese simplified language edition published by China Machine Press, Copyright © 2022.
本书原版由 Apress 出版社出版。

本书简体字中文版由 Apress 出版社授权机械工业出版社独家出版。未经出版者预先书面许可，不得以任何方式
复制或抄袭本书的任何部分。

MongoDB 性能调优实战

出版发行：机械工业出版社（北京市西城区百万庄大街 22 号 邮政编码：100037）
责任编辑：张秀华 责任校对：李小宝 王 延
印 刷：北京联兴盛业印刷股份有限公司 版 次：2023 年 1 月第 1 版第 1 次印刷
开 本：186mm×240mm 1/16 印 张：15.5
书 号：ISBN 978-7-111-71616-7 定 价：89.00 元

客服电话：（010）88361066 68326294

很高兴受邀翻译这本书。这本书内容全面、翔实，深入浅出，涉及 MongoDB 性能调优的方方面面，对其他数据库的调优亦有很好的参考价值。

过去十几年，移动互联网大爆发，出现了非常多的满足大家各类需求的产品（如淘宝、支付宝、微信、抖音、快手、小红书、B 站、知乎等），这些移动互联网产品在给用户提供服务时，内容的展现形式更加多样化。在移动互联网时代，由于信息的多样性（文本、图片、视频、音频等），信息的生产、传输、组织、存储、访问方式有了新的变化和需求，这催生了 NoSQL 的大爆发，过去十几年至少出现了几百种区别于传统关系数据库的新型数据库，MongoDB 是其中的佼佼者之一。

MongoDB 的数据模型非常简单，采用文档（即互联网上最流行的数据交互协议——JSON）作为内容的存储形式，易于理解，能够支持常见的互联网数据存储和访问需求。MongoDB 深受广大开发者的喜爱，可以说，它是社区和商业化做得最好的新一代 NoSQL 之一。

本书先介绍了性能调优的一般思路和方法，这些方法是通用的，对于任何数据库都具有很好的参考价值。另外，本书也对 MongoDB 的架构做了简单通俗的讲解，对于大家理解数据库的底层实现细节是非常有帮助的。本书用很长的篇幅从索引、问题排查、查询优化、数据操作、事务、网络、磁盘 IO、内存优化、副本与集群、监控等多个维度来讲解 MongoDB 性能调优的方法，作者追本溯源、深入浅出、娓娓道来，跟着作者的思路，读者很容易理解其中的原理和方法。我认为这本书是一本值得大家阅读的好书。

本书适合所有对数据库（特别是 NoSQL 数据库）的优化感兴趣的开发人员、运维人员、DBA 等阅读。对于想了解数据存储、访问模式的产品经理而言，本书也是不错的选择。

我在翻译这本书的过程中是非常享受的，从作者的讲解中我更加系统地学习了数据库的调优方法，特别是对 MongoDB 的架构和特性有了进一步了解，并对一些之前不太熟悉的概念和方法有了更系统的认识。

虽然过去十几年我一直从事大数据与人工智能方向的研发管理工作，自学过不下十几种 NoSQL 数据库（包括 MongoDB、Redis、CouchBase、HBase、Cassandra、Riak 等），但数据库领域知识更新换代极快，想彻底了解一款数据库的所有细节绝非易事，因此在翻译过程中难免存在疏漏之处，还请各位读者批评指正。

　　当 MongoDB 于 2009 年出现时，数据库技术正处于十字路口。20 多年来，Oracle、SQL Server 和 MySQL 等关系数据库一直主导着数据库市场。这些数据库与关系数据模型、SQL 语言和"ACID"事务，一起成为改变现代商业应用程序的基础，推动了互联网革命。但到了 2005 年左右，关系数据库显然无法满足 Web 应用程序的永远在线、全球可扩展的新型需求。这些"Web 2.0"应用程序需要新的数据库管理系统。

　　到 2010 年，出现了大量非关系型"NoSQL"系统——Hadoop、HBase、Cassandra 等。在这些非关系型"新贵"中，MongoDB 几乎是最成功的。在撰写本文时，MongoDB 是排名前五的数据库管理系统之一[一]。在前五名中，只有 MongoDB 基于 21 世纪的技术，其他 4 个（Oracle、MySQL、SQL Server 和 Postgres）都起源于 20 世纪 80 年代和 90 年代。

　　MongoDB 的成功可以归因于许多因素，例如，遵循面向对象的编程范式以及与现代 DevOps 实践的兼容性。总的来说，MongoDB 之所以蓬勃发展，是因为它让开发人员更轻松。然而，在过去几年中，我们已经看到 MongoDB 从"由开发人员为开发人员服务"的数据库升级为支持新一代关键任务系统的平台，适用于越来越广泛的企业。

　　随着 MongoDB 的成熟以及在企业应用上的扩展，性能管理变得越来越重要。众所周知，性能不佳的客户应用程序对于当今的在线企业来说可能是致命的。例如，当网页的加载时间从 1s 增加到 5s 时，用户放弃浏览该页面的概率会增加 90%[二]，这会直接影响在线收入。由于数据库执行大量的磁盘 IO 操作和数据处理，因此数据库通常是导致性能不佳的根本原因。

　　此外，在云中，性能管理就是成本管理：性能不佳的数据库会消耗不必要的 CPU、内存和 IO 资源，而这些资源需要支付费用。花几天时间调优基于 MongoDB 的大型云应用程序可

[一]　https://db-engines.com/en/ranking。
[二]　https://tinyurl.com/yyyeckw8。

能会节省数十万美元的托管费用。

事实上，我们甚至可以说性能管理是出于对环境的考虑。为繁忙的数据库服务器供电不仅耗费金钱，还会产生温室气体。减少家庭能源消耗是一项社会责任，降低数据中心的能耗也同样重要。调优不当的 MongoDB 数据库就像调优不当的汽车，会适得其反：它可以让你从 A 到 B，但会花费更多的汽油，并对环境造成更严重的损害。

我们试图制作一本连贯而全面的 MongoDB 调优手册，本书就是一次尝试。为此，我们制定了以下目标：

- 为 MongoDB 性能调优提供一种方法论，系统而有效地解决性能问题。特别是，这种方法论试图先于症状来定位原因。
- 解决 MongoDB 性能管理各方面的问题，从数据库设计到应用程序代码的调整，再到服务器和集群优化。
- 高度关注调优相关的基本技能。基本技能是显著提升性能不可或缺的能力，如果不能很好地掌握，则通常会限制由应用先进技术而获得的好处。

本书结构

本书分为以下几个主要部分：

- 第 1 ~ 3 章介绍方法和工具。在这几章中，我们描述了一种性能调优方法论，它为调优 MongoDB 数据库提供了最有效的手段。我们还提供了一些关于 MongoDB 架构和工具的背景知识，这些工具是 MongoDB 提供的，用于调查、监控和诊断 MongoDB 的性能。
- 第 4 章和第 5 章介绍应用程序和数据库设计。在这里，我们介绍了开发高效文档模型和为 MongoDB 集合建立索引的基础知识。
- 第 6 ~ 10 章介绍应用程序代码的优化。调整应用程序代码通常可以显著提升数据库性能，并且这应该在调整服务器或集群配置之前解决。我们将研究如何优化 MongoDB 的 find() 语句、聚合管道和数据操作语句。
- 第 11 ~ 14 章讨论 MongoDB 服务器及其运行硬件的优化。我们将解释如何优化内存以避免 IO、如何优化无法阻止的 IO，以及如何配置高效的 MongoDB 集群。

读者对象

本书适用于对提高 MongoDB 数据库性能或提高依赖该数据库的应用程序的性能感兴趣的人，包括应用程序架构师、开发人员和数据库管理员。

尽管本书提出了一种连贯且符合逻辑的数据库调优方法，但并非本书的所有部分都对所有读者有同样的吸引力。例如，开发人员可能会发现应用程序代码部分比 IO 优化部分对他更有帮助。同样，无法访问应用程序代码的数据库管理员可能会发现服务器优化部分更有用。

每个读者都可以选择跳过自己不感兴趣的内容。然而，我们要强调的是，本书主张的是在缓解症状之前定位性能问题的根本原因。在使用后面章节（例如第 12 章）中的方法时，我们假设你已经执行了前面章节（例如第 5 章）中概述的处理方法。

我们希望这本书适合那些对 MongoDB 数据库比较陌生的人阅读，所以也简要地解释了关键概念和 MongoDB 架构。但前提是你对 MongoDB 和 JavaScript 编程语言有一定的了解。

脚本和示例数据

本书使用各种脚本来报告 MongoDB 的性能。所有这些脚本都可以在 GitHub 上找到，网址为 https://github.com/gharriso/MongoDBPerformanceTuningBook。

主脚本 mongoTuning.js 提供从 MongoDB shell 会话中访问所有这些脚本的权限。要在 MongoDB shell 中使用这些脚本，只需以脚本名称为参数发出 Mongo 命令并添加 --shell 选项即可，例如：

```
$ mongo --shell mongoTuning.js
MongoDB shell version v4.2.0
connecting to: mongodb://127.0.0.1:27017/?compressors=disabled&gssapi
ServiceName=mongodb

MongoDB server version: 4.2.0

rs0:PRIMARY>
```

这些示例也可以在 GitHub 存储库中的 examples 文件夹下找到。这些示例使用的数据以压缩转储文件的形式存储在 sampleData 文件夹中。有关如何加载数据的说明详见同一文件夹。

致　谢 *Acknowledgements*

感谢 Apress 出版社中帮助本书出版的每一个人，特别是首席编辑 Jonathan Gennick、协调编辑 Jill Balzano 和策划编辑 Laura Berendson。感谢 Michael Grayson 对本书技术的全面审查。

感谢妻子 Jenny 的爱、支持和甜言蜜语，感谢 Michael 在墨尔本为期 112 天的 COVID-19 封锁期间给予的一切支持。

——Guy Harrison

感谢 Jessica 的爱与支持，更重要的是，要感谢她提供的源源不断的咖啡。此外，还要感谢 Guy 带头编写本书。

——Michael Harrison

这本书献给 Harrison 家族的最新成员——Oriana，没有他，这本书会更早完成。

Michael Grayson 是 Percona 的一名数据库工程师，拥有近 15 年的数据库从业经验和超过 6 年的 MongoDB 开发经验。他曾在 MongoDB World、SQL PASS 峰会和许多关于 MongoDB 及 Apache Kafka 的区域性活动（SQL Saturdays、Oracle User、MongoDB Groups）上发表演讲。他曾在 Paychex 和 Thomson Reuters 等公司工作，拥有 AWS 和 Azure 的认证。他拥有德雷塞尔大学的学士学位，现与妻子和四个孩子住在纽约州罗切斯特地区，其 Twitter 账号为 @mikegray831。他偶尔会在 https://mongomikeblog.wordpress.com/blog/ 上写博客，但现在更多的是在 http://www.percona.com/blog/ 上写博客。

目 录 *Contents*

第一部分 *Part 1*

方法和工具

第 1 章

性能调优方法

性能是应用程序成功的关键因素。想一想每天使用的应用程序，显然我们只会使用性能良好的应用程序。如果 Google 搜索需要 2min，而 Bing 几乎瞬间完成搜索，你还会使用 Google 吗？当然不会。事实上，研究表明，如果页面加载时间超过 3s，大约会有一半的人放弃那个网站⊖。

应用程序性能可能取决于许多因素，但导致性能不佳的最常见的、可避免的因素是数据库。将数据从磁盘移动到数据库，然后从数据库移动到应用程序，这涉及应用程序基础设施中最慢的组件——磁盘驱动器和网络。因此，对与数据库交互的应用程序代码和数据库本身进行优化，对于获得优秀的性能来说是至关重要的。

1.1 警示故事

MongoDB 调优方法对于调优工作至关重要。请仔细考虑以下的警示故事。

假设一个由 MongoDB 数据库支持的重要网站表现出令人无法接受的性能。作为一名经验丰富的 MongoDB 专业人员，你被邀请来诊断问题。当你查看关键的操作系统性能指标时，有两件事需要特别注意：副本集主节点占用的 CPU 和 IO 资源都很高。CPU 平均负载和磁盘 IO 延迟都表明 MongoDB 系统需要更多的 CPU 和 IO 资源。

经过快速计算，你建议将 MongoDB 分片，从而将负载分散到 4 台服务器上。资金成本很高，在分片之间重新分配数据所需的停机时间成本也一样高。尽管如此，还是需要努力提

⊖ https://developers.google.cn/web/fundamentals/performance/why-performance-matters。

升性能，因此管理层批准了这种方案。方案实施之后，网站性能变得可以接受了，然后你可以获得一些赞誉。

现在已经获得一个成功的结果了吗？你可能是这么认为的，直到：

- 几个月后，性能再次成为问题——每个分片的容量都用完了。
- 另一位 MongoDB 专家被邀请来，并报告说，单个索引更改就能解决最初的问题，无须花费金钱，也没有停机时间。此外，她还指出分片实际上损害了特定查询的性能，并建议对多个集合进行去分片处理。
- 实施新索引后，数据库工作负载会减少到你最初参与时观察到的工作负载的十分之一。管理层准备出售现在过剩的硬件，并对你打上"不再聘用"的标记。
- 成为一名 PHP 程序员让你很烦恼。

经过数月的无声冥想，你意识到虽然你的优化工作正确地集中在数据库中消耗时间最多的活动上，但未能区分**原因**和**结果**。你错误地处理了结果——高 CPU 和 IO 率——而忽略了原因（缺少索引）。

1.2　对症性能调优

上面概述的方法可以称为对症性能调优。作为性能调优"医生"，我们会询问应用程序"哪里受伤了"，然后尽最大努力"减轻这种痛苦"。

对症性能调优有其用武之地：如果你处于"救火"模式——在这种模式下，应用程序由于性能问题几乎无法使用——这可能是最好的方法。但总的来说，它可能会产生几种不良后果：

- 这可能只解决了症状，但并没有解决性能不佳的原因。
- 当配置或应用程序更改更具成本效益时，我们可能会倾向于寻求基于硬件的解决方案。
- 这可能能应对当前的问题，但无法实现永久或可扩展的解决方案。

1.3　系统性能调优

避免错误地只关注原因而不关注结果的最佳方法，是以自上而下的方式调整数据库系统。这种方法有时被称为"按层调优"，但我们喜欢称其为"系统性能调优"。

1.3.1　数据库请求剖析

为了避免掉入对症方法的陷阱，我们需要让调优方案遵循各个定义明确的阶段。这些阶段取决于应用程序、数据库和操作系统是如何交互的。总体来看，数据库处理发生在"层"中，如下所示：

1. 应用程序以调用 MongoDB API 的形式向 MongoDB 发送请求。数据库使用返回码和数据数组来响应这些请求。

2. 然后，数据库必须解析请求。数据库必须确定用户打算访问哪些资源，检查用户是否有权执行对应的请求活动，确定要使用的确切访问机制，并获取相关的锁和资源。这些操作会使用操作系统资源（CPU 和内存），并可能与其他并发执行的数据库会话产生资源竞争。

3. 最终，数据库请求需要处理（创建、读取或更改）数据库中的某些数据。需要处理的确切数据量可能因数据库设计（文档 schema 模型和索引）和应用程序请求的具体代码而异。

4. 某些所需的数据会存储在内存中。数据进入内存中的机会主要取决于访问数据的频率和可用于缓存数据的内存大小。当访问内存中的数据库数据时，这称为**逻辑读取**。

5. 如果数据不在内存中，则必须从磁盘访问它，从而导致**物理读取**。物理磁盘 IO 是目前所有操作中成本最大的。因此，数据库会尽力避免这种物理读取。但是，某些磁盘操作是不可避免的。

每一层的活动都会影响对后续层的需求。例如，如果请求以某种未能利用索引的方式提交了，则将需要过多的逻辑读取，最终会涉及大量物理读取。

 提示 当你看到大量 IO 或资源竞争时，可以直接通过调整磁盘布局来解决问题。但是，如果你对调优工作进行了排序，使其按顺序在各个层中进行，那么就更有机会修复根本原因并缓解较低层的性能压力。

以下是系统性能调优的三个步骤：

1. 通过调整数据库请求和优化数据库设计（索引和文档建模），将应用程序需求降低到其逻辑最低限度。

2. 在上一步减少了对数据库的需求后，优化内存以尽可能避免物理 IO。

3. 现在物理 IO 需求是确定的，可以通过提供足够的 IO 带宽和平均分配结果负载来配置 IO 子系统以满足该需求。

1.3.2 MongoDB 数据库的层次

MongoDB 由多层代码组成（事实上，几乎所有的数据库管理系统都由多层代码组成），如图 1-1 所示。

第一层是**应用层**。尽管你可能认为应用层代码不是数据库的一部分，但它仍在执行数据库驱动程序代码，并且是数据库性能图的一个组成部分。应用层定义了数据模型（schema）和数据访问逻辑。

第二层是 **MongoDB 服务器**。数据库服务器包含处理 MongoDB 命令、维护索引和管理分布式集群的代码。

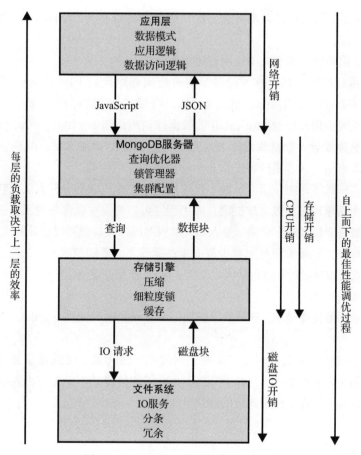

图 1-1　MongoDB 应用程序的关键层

第三层是**存储引擎**。存储引擎是数据库的一部分，但也是一个独立的代码层。在 MongoDB 中，存储引擎有多种选择，例如 in-memory（内存）、RocksDB 和 MMAP。通常以 WiredTiger 存储引擎为代表。除其他事情外，存储引擎主要负责在内存中缓存数据。

第四层是**存储子系统**（文件系统）。存储子系统不是 MongoDB 代码库的一部分：它是在操作系统或存储硬件中实现的。在简单的单服务器配置中，它由文件系统和磁盘设备的固件表示。

提
示　应用栈每一层的负载由上一层决定。如果没确定上一层是否已经优化就调整下一层的话，通常会发生错误。

1.4　最小化应用程序工作负载

我们的第一个目标是最小化应用程序对数据库的需求。我们希望数据库能够以尽可能少的处理量来满足应用程序的数据需求。换句话说，我们希望 MongoDB 更智能地工作，而不是更辛苦地工作。

我们主要使用两种技术来减少应用程序工作负载：

❑ **调整应用程序层代码**：这可能涉及更改应用程序代码（JavaScript、Golang 或 Java）使得它向数据库发出更少的请求（例如，通过客户端缓存）。但是，更多情况下，这将涉及重写应用程序对 MongoDB 的数据库调用，例如 find() 或 aggregate()。

❑ **调整数据库设计**：数据库设计是应用程序数据库的物理实现。调整数据库设计可能涉及修改索引，或者更改各个集合中使用到的文档模型。

第 4 章到第 9 章将详细介绍可以最小化应用程序工作负载的各种方法，特别是：

❑ **构建应用程序以避免数据库过载**：应用程序可以避免对数据库发出不必要的请求，并且可以通过架构来最小化锁、热点和其他资源的冲突。也可以设计并实现与 MongoDB 交互的程序，以最大限度地减少数据库往返和不必要的请求。

❑ **优化物理数据库设计**：这包括构建文档 schema 模型并建立索引，以减少执行 MongoDB 请求所需的工作。

❑ **编写高效的数据库请求**：这涉及了解如何编写和优化 find()、update()、aggregate() 等命令。

这些方法不仅代表了我们调优工作的逻辑起点，还代表了提供最显著的性能改进的方法。应用程序调优导致性能提升 100 倍甚至 1000 倍的情况并不少见，而在优化内存或调整物理磁盘布局时很少能看到这种程度的改进。

1.5　减少物理 IO

在应用程序需求最小化后，我们将注意力转向如何减少等待 IO 的时间。换句话说，在尝试减少每个 IO 所花费的时间（IO 延迟）之前，我们先尝试减少 IO 请求的数量。事实证明，减少 IO 量一般都能降低 IO 延迟，因此首先减少 IO 量是一箭双雕的做法。

MongoDB 数据库中的大多数物理 IO 发生的原因要么是应用程序会话请求数据以执行查询，要么是存在数据修改请求。为 WiredTiger 缓存和其他内存结构分配足够的内存是减少物理 IO 最重要的步骤。第 11 章会专门探讨这个主题。

1.6　优化磁盘 IO

至此，我们已经规范化了应用程序工作负载——特别是应用程序所需的逻辑 IO 量。我们还配置了可用内存，以最大限度地减少最终导致物理 IO 的逻辑 IO 数量。此时（仅限此时），确保磁盘 IO 子系统能够应对挑战是很有意义的。

当然，优化磁盘 IO 子系统是一项复杂且专业的任务，但其基本原理很简单：

❑ 确保 IO 子系统有足够的带宽来应对物理 IO 需求。这取决于已分配的不同磁盘设备的数量和磁盘设备的类型。

❑ 将负载均匀分布在分配的磁盘上——最好的方法是 RAID 0（分条）。对于大多数数据库来说，最糟糕的方法是 RAID 5 或类似的方法，这会导致写入 IO 的严重损失。

❑ 在基于云的环境中，通常不必担心分条机制。但是，仍然需要确保分配的总 IO 带宽充足。

负载过度的 IO 子系统的明显症状是响应 IO 请求的过度延迟。例如，假设 IO 子系统能够支持每秒 1000 个请求，但在单个请求的响应时间下降之前只能将其推送到每秒 500 个请求。在配置 IO 子系统时，这种吞吐量与响应时间的权衡是一个重要的考虑因素。

第 12 章和第 13 章将详细介绍优化磁盘 IO 的过程。

1.7　集群调优

上述所有因素都适用于单实例 MongoDB 部署和 MongoDB 集群。然而，集群 MongoDB 还涉及额外的挑战和机遇，例如：

❑ 在标准副本集配置（包含一个主节点和多个辅助节点）中，我们需要在性能、一致性和数据完整性之间进行权衡。读取参数和写入参数控制如何从辅助节点写入和读取数据。调整这些参数可以提高性能，但在故障转移或读取旧数据的时候可能会丢失数据。

❑ 在分片副本集中，有多个主节点，这为具有高事务率的超大型数据库提供了更大的可扩展性和更好的性能。但是，分片可能不是实现性能提升的最具成本效益的方式，并且确实涉及性能权衡。如果进行分片，那么分片键的选择和确定要分片的集合将至关重要。

第 13 章和第 14 章将详细讨论集群配置和调优。

1.8　小结

当面对受 IO 限制的数据库时，很容易立即处理最明显的症状——IO 子系统。但不幸的是，这通常会导致只解决症状而没有解决原因，这通常成本很高，并且往往是徒劳的。因为数据库某层的问题可以通过上层的配置解决，所以优化 MongoDB 数据库最有效、最经济的方法是先调优上层，再调优下层：

1. 通过优化数据库请求和调整数据库设计（索引和文档建模），将应用程序需求降低到其逻辑最低限度。

2. 在上一步减少了对数据库的需求后，优化内存使得尽可能避免物理 IO。

3. 在物理 IO 需求确定后，可以通过提供足够的 IO 带宽和平均分配结果负载来配置 IO 子系统以满足该需求。

MongoDB 架构与概念

本章旨在让你了解 MongoDB 架构和后续章节中将引用的内部原理，这些知识是 MongoDB 性能调优所必备的。

作为 MongoDB 调优的专业人士，你应该非常熟悉 MongoDB 技术，主要包括以下领域：

❑ MongoDB 文档模型。

❑ MongoDB 应用程序通过 MongoDB API 与 MongoDB 数据库服务器交互的方式。

❑ MongoDB 优化器，这是与最大化 MongoDB 请求性能有关的软件层。

❑ MongoDB 服务器架构，包括内存、进程、文件，通过它们之间的交互来提供数据库服务。

非常熟悉这些内容的读者可以略读或跳过本章。当然，在后续章节中我们将假设你熟悉此处介绍的核心概念。

2.1 MongoDB 文档模型

众所周知，MongoDB 是一个**文档数据库**。文档数据库是一系列非关系数据库，它们将数据存储为结构化文档——通常采用 JavaScript 对象表示法（JavaScript Object Notation，JSON）格式。

出于多种原因，基于 JSON 的文档数据库（如 MongoDB）在过去十年中蓬勃发展。特别是，它们解决了面向对象编程和关系数据库模型之间的冲突，而这种冲突长期以来一直困扰着软件开发人员。灵活的文档 schema 模型支持敏捷开发和 DevOps 范式，并与主流编程模型紧密结合，尤其是那些基于 Web 的现代应用程序。

2.1.1　JSON

MongoDB 使用 JSON 的变体作为其数据模型及通信协议。JSON 文档由几个基本结构——值、对象和数组——构成：

❑ **数组**由用方括号（"["和"]"）括起来并用逗号（","）分隔的值列表组成。

❑ **对象**由一个或多个"名称 – 值"对组成，格式为"名称"："值"，用大括号（"{"和"}"）括起来并用逗号（","）分隔。

❑ **值**可以是 Unicode 字符串、标准格式（可能包括科学记数法）数字、布尔值、数组或对象。

前面定义中的最后几个词很关键。因为值可能包括对象或数组，而对象和数组本身也包含值，JSON 结构可以表示任意复杂和嵌套的信息集。特别是，数组可用于表示重复文档组，重复文档组在关系数据库中需要用单独的表来表示。

2.1.2　二进制 JSON

MongoDB 内部以二进制 JSON（Binary JSON，BSON）格式存储 JSON 文档。BSON 是 JSON 数据的更紧凑、更高效表示形式，用于数字和其他数据类型的高效编码。例如，BSON 包括字段长度前缀，它可以使用扫描操作"跳过"元素，从而提高效率。

BSON 还提供了许多 JSON 不支持的额外数据类型。例如，JSON 中的数值类型在 BSON 中可能是 Double、Int、Long 或 Decimal128。其他类型，例如 ObjectID、Date 和 BinaryData 也很常用。但是，大多数情况下，JSON 和 BSON 之间的区别并不重要。

2.1.3　集合

MongoDB 可以将"相似"文档组织到**集合**中。集合类似于关系数据库中的表。通常，我们只会在特定集合中存储具有相似结构或相似用途的文档，但默认情况下，集合中的文档结构没有强制要求。

图 2-1 展示了 JSON 文档的内部结构以及文档如何组织到集合中。

2.1.4　MongoDB schema

MongoDB 文档模型允许将关系数据库中的多个表存储在单个文档中的对象中。

考虑以下 MongoDB 文档：

```
{
  _id: 1,
  name: 'Ron Swanson',
  address: 'Really not your concern',
  dob: ISODate('1971-04-15T01:03:48Z'),
  orders: [
    {
```

```
      orderDate: ISODate('2015-02-15T09:05:00Z'),
      items: [
        { productName: 'Meat damper', quantity: 999 },
        { productName: 'Meat sauce', quantity: 9 }
      ]
    },
    { otherorders  }
  ]
};
```

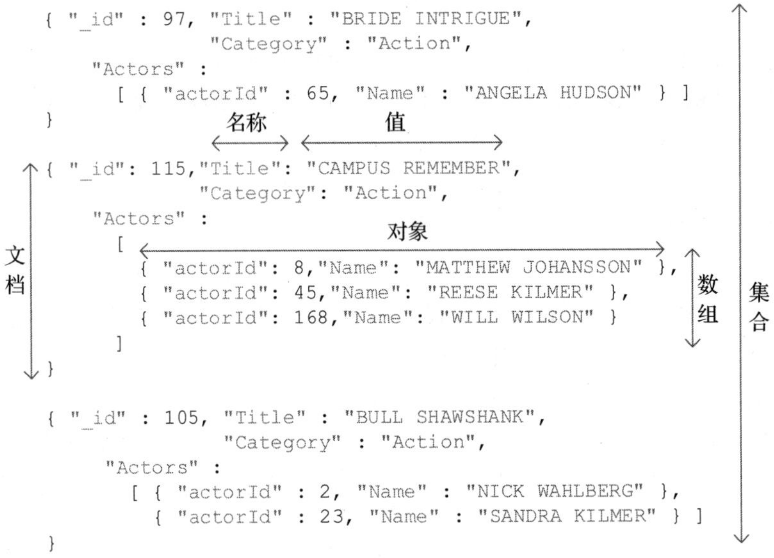

图 2-1   JSON 文档结构

与前面的示例一样，一个文档可能也包含另一个子文档，而该子文档本身可能也包含一个子文档，依此类推。这种文档嵌套的两个限制为：默认限制 100 级嵌套，限制单个文档（包括其所有子文档）不超 16MB。

在数据库用语中，schema 定义了数据库对象内的数据结构。默认情况下，MongoDB 数据库不强制使用某个 schema，因此可以在集合中存储任何内容。但是，也可以使用 createCollection 方法的验证器（validator）选项创建 schema 来强制执行文档结构，如下例所示：

```
db.createCollection("customers", {
  "validator": {
    "$jsonSchema": {
        "bsonType": "object",
        "additionalProperties": false,
        "properties": {
            "_id": {
```

```
                    "bsonType": "objectId"
                },
                "name": {
                    "bsonType": "string"
                },
                "address": {
                    "bsonType": "string"
                },
                "dob": {
                    "bsonType": "date"
                },
                "orders": {
                    "bsonType": "array",
                    "uniqueItems": false,
                    "items": {
                        "bsonType": "object",
                        "properties": {
                            "orderDate": { "bsonType": "date"},
                            "items": {
                                "bsonType": "array",
                                "uniqueItems": false,
                                "items": {
                                    "bsonType": "object",
                                    "properties": {
                                        "productName": {
                                            "bsonType": "string"
                                        },
                                        "quantity": {
                                            "bsonType": "int"
                                        }
                                    }
                                }
                            }
                        }
                    }
                }
            }
        },
        "validationLevel": "strict",
        "validationAction": "warn"
});
```

　　验证器采用 JSON schema 格式——这是一种开放标准，它允许对 JSON 文档进行注释或验证。如果 MongoDB 命令生成与 schema 定义不匹配的文档，则 JSON schema 文档将生成警告或错误。JSON schema 可用于定义必需属性，限制其他属性，以及定义文档属性所采用的数据类型或数据范围。

2.2 MongoDB 协议

MongoDB 协议定义了客户端和服务器之间的通信机制。尽管协议的细节超出了性能调优工作的范围，但理解协议很重要，因为许多诊断工具将以 MongoDB 协议格式显示数据。

2.2.1 有线协议

MongoDB 的协议也称为 MongoDB **有线协议**。它定义了发送到 MongoDB 服务器和从 MongoDB 服务器接收的 MongoDB 数据包的结构。有线协议通过 TCP/IP 连接运行——默认情况下通过端口 27017 运行。

有线协议的实际数据包结构超出了本书的讨论范围，但每个数据包本质上都是一个包含请求或响应的 JSON 文档。例如，如果从 shell 向 MongoDB 发送一个命令：

```
db.customers.find({FirstName:'MARY'},{Phone:1}).sort({Phone:1})
```

shell 将通过有线协议发送一个请求，看起来像这样：

```
{ "find" : "customers",
  "filter" : { "FirstName" : "MARY" },
  "sort" : { "Phone" : 1.0 },
  "projection" : { "Phone" : 1.0},
  "$db" : "mongoTuningBook",
  "$clusterTime" : { "clusterTime" : {
        "$timestamp" : { "t" : 1589596899, "i" : 1 } },
   "signature" : { "hash" : { "$binary" : { "base64" : ]
                "4RGjzZI5khOmM9BBWLz6y9xLZ9w=", "subType" : "00" } },
   "keyId" : 6826926447718825986 } },
   "lsid" : { "id" : { "$binary" : { "base64" :
   "JI3lUrOMRQmOY6Pr3iQ8EQ==", "subType" : "04" } } } }
```

2.2.2 MongoDB 驱动程序

MongoDB 驱动程序将来自编程语言的请求转换为有线协议格式。各驱动程序可能有细微的语法差异。例如，在 NodeJS 中，前面的 MongoDB shell 请求略有不同：

```
const docs = await db.collection('customers').
        find({'FirstName': 'MARY'},
              {'Phone': 1}).
        sort({Phone: 1}).toArray();
```

因为 NodeJS 是一个 JavaScript 平台，所以语法仍然类似于 MongoDB shell。但在其他语言中，差异可能更加明显。例如，以下是 Go 语言中的相同查询：

```
collection := client.Database("MongoDBTuningBook").
              Collection("customers")
filter := bson.D{{"FirstName", "MARY"}}
findOptions := options.Find()
```

```
findOptions.SetSort(map[string]int{"Phone": 1})
findOptions.SetProjection(map[string]int{"Phone": 1})
cursor, err := collection.Find(ctx, filter, findOptions)
var results []bson.M
cursor.All(ctx, &results)
```

但是，无论 MongoDB 驱动程序需要什么语法，MongoDB 服务器始终都接收采用标准有线协议格式的数据包。

2.3　MongoDB 命令

从逻辑上讲，MongoDB 命令分为以下几类：

❑ **查询命令**，例如 find() 和 aggregate()，用于从数据库返回信息。

❑ **数据操作命令**，例如 insert()、update() 和 delete()，用于修改数据库中的数据。

❑ **数据定义命令**，例如 createCollection() 和 createIndex()，用于定义数据库中数据的结构。

❑ **管理命令**，例如 createUser() 和 setParameter()，用于控制数据库的操作。

数据库性能管理主要关注查询语句和数据操作语句的开销和吞吐量。然而，管理命令和数据定义命令包括一些用来解决性能问题的"行业工具"（参见第 3 章）。

2.3.1　查找命令

查找命令（find()）是 MongoDB 数据访问的主力。它具有简洁、易用的语法，并具有灵活而强大的过滤能力。find() 命令具有以下高级语法：

```
db.collection.find(
      {filter},
      {projection})
  sort({sortCondition}),
  skip(skipCount),
  limit(limitCount)
```

前面的语法是 MongoDB shell 中的，专用于语言的驱动程序的语法可能略有不同。

find() 命令的关键参数如下：

❑ filter 是一个 JSON 文档，它定义要返回的文档。

❑ projection 定义将返回的每个文档的属性。

❑ sort 定义返回文档的顺序。

❑ skip 允许跳过输出中的一些初始文档。

❑ limit 限制要返回的文档总数。

在有线协议中，find() 命令仅返回第一批文档（通常为 1000 个），随后的批次由 getMore 命令获取。MongoDB 驱动程序通常会帮你处理 getMore 语句，但在许多情况下，你可以改变批处理大小以优化性能（请参阅第 6 章）。

2.3.2 聚合命令

find() 可以执行多种查询，但关系数据库中 SQL 命令的许多功能，它是实现不了的。例如，find() 操作不能连接来自多个集合的数据，也不能聚合数据。当需要比 find() 更多的功能时，通常需要使用 aggregate()。

总的来说，聚合语法比较简单：

db.collection.**aggregate**([*pipeline*]);

其中 pipeline（管道）是 aggregate（聚合）命令的指令数组。aggregate 支持的管道运算符不少于 24 个，它们大多数都不在本书中讨论。其中最常用的运算符包括：

❑ $match，它使用类似于 find() 命令的语法过滤管道中的文档。

❑ $group，它将多个文档聚合成一个较小的聚合集。

❑ $sort，它对管道内的文档进行排序。

❑ $project，它定义每个文档要返回的属性。

❑ $unwind，它为数组中的每个元素返回一个文档。

❑ $limit，它限制要返回的文档数量。

❑ $lookup，它连接（join）来自另一个集合的文档。

下面是一个聚合示例，它使用上述大多数操作来按类别返回电影观看次数：

```
db.customers.aggregate([
  { $unwind:  "$views" },
  { $project: {
        "filmId": "$views.filmId"
      }
  },
  { $group:{     _id:{ "filmId":"$filmId"  },
          "count":{$sum:1}
      }
  },
  { $lookup:
    { from:         "films",
      localField:   "_id.filmId",
      foreignField: "_id",
      as:           "filmDetails"
    }
  },
  { $group:{     _id:{
          "filmDetails_Category":"$filmDetails.Category"},
          "count":{$sum:1},
          "count-sum":{$sum:"$count"}
      }
  },
```

```
  { $project: {
        "category": "$_id.filmDetails_Category"  ,
        "count-sum": "$count-sum"
      }
  },
  { $sort:{  "count-sum":-1 }},
]);
```

聚合管道可能难以编写且难以优化。第 7 章将详细介绍聚合管道优化。

2.3.3　数据操作命令

insert()、update()、delete() 命令可以在集合中添加、更改、删除文档。update() 和 delete() 都有一个过滤参数，这些参数定义要处理的文档。过滤条件与 find() 命令的过滤条件相同。

优化过滤条件通常是优化更新和删除命令的最重要的因素，其性能也受写入策略配置的影响（请参阅 2.4.1 节）。

下面是插入、更新和删除命令的示例：

```
db.myCollection.insert({_id:1,name:'Guy',rating:9});
db.myCollection.update({_id:1},{$set:{rating:10}});
db.myCollection.deleteOne({_id:1});
```

第 8 章将讨论数据操作语句的优化。

2.4　一致性机制

所有数据库必须在一致性、可用性和性能之间做出权衡。像 MySQL 这样的关系数据库被认为是**强一致性**数据库，因为所有用户总是看到一致的数据视图。非关系数据库（如 Amazon Dynamo）通常被称为**弱一致性**数据库或**最终一致**的数据库，因为无法保证用户看到一致的视图。MongoDB 在默认情况下是强一致性的（在有限范围内），虽然它可以通过**写入策略**和**读取策略**的配置来表现得像最终一致的数据库。

2.4.1　读取策略与写入策略

MongoDB 应用程序可以对读写操作的行为进行控制，从而提供一定程度可调控的一致性和可用性。

❏ **写入策略**确定 MongoDB 何时将写入操作视为已完成。默认情况下，一旦主节点收到修改操作，写入操作就会完成。因此，如果主节点发生不可恢复的故障，则数据可能会丢失。

　　如果写入策略设置为"majority"，则在大多数辅助节点收到写入操作之前，数据库不会完成写入操作。我们还可以把写入策略设置为等待所有辅助节点或特定数量的辅助节点收到写入操作。

写入策略还可以决定写入操作是否在数据写入磁盘日志之后再确认。默认情况下是这样的。

❑ **读取策略**确定客户端发送读取请求的位置。默认情况下，读取请求被发送到主节点。但是，客户端驱动程序可以配置为默认情况下将读取请求发送到辅助节点，也可以配置为仅在主节点不可用时发送到辅助节点，甚至可以配置为发送到"最近"的节点（这种设置旨在支持低延迟而非一致性）。

读取策略和写入策略的默认设置会导致 MongoDB 表现为一个严格一致的系统：每个用户都会看到相同版本的文档。允许从辅助节点读取数据则会让系统成为一个最终一致的数据库。

读取策略和写入策略对性能有明确的影响，详见第 8 章和第 13 章。

2.4.2　事务

尽管 MongoDB 最初只是一个非事务性数据库，但从 4.0 版开始，它可以跨多个文档执行原子事务。例如，我们原子性地将一个账户的余额减少 100，并将另一个账户增加相同的金额：

```
session.startTransaction();
mycollection.update({userId:1},{$inc:{balance:100}});
mycollection.update({userId:2},{$inc:{balance:-100}});
session.commitTransaction();
```

这两个更新操作要么都成功，要么都失败。

在实践中，实现事务需要一些错误处理逻辑，事务的设计会显著影响性能。第 9 章将讨论这些因素。

2.5　查询优化

与大多数数据库一样，MongoDB 命令表示对数据的逻辑请求而不是检索数据的一系列指令。例如，find() 操作指定将返回的数据，但没有明确指定检索数据时要使用的索引或其他访问方法。

因此，MongoDB 代码必须确定处理数据请求的最有效方式。MongoDB **优化器**是做出这些决定的 MongoDB 代码。优化器为每个命令做出的决定称为**查询计划**。

当向 MongoDB 发送新查询或命令时，优化器执行以下步骤：

1. 优化器在 MongoDB 计划缓存中寻找匹配的查询。匹配查询是所有过滤器和操作属性都匹配的查询，即使值不匹配。此类查询被称为具有相同的**查询形状**。例如，如果针对不同客户名的 customers 集合发出相同的查询，MongoDB 将认为这些查询具有相同的查询形状。

2. 如果优化器找不到匹配的查询，那么优化器将考虑执行查询的所有可能方式。具有最少**工作单元**数的查询将匹配成功。工作单元是 MongoDB 必须执行的特定操作——主要与必须处理的文档数量相关。

3. MongoDB 将选择具有最少工作单元数的计划，使用该计划执行查询，并将该查询计划存储在计划缓存中。

在实践中，MongoDB 倾向于尽可能使用基于索引的计划，并且通常会选择最具选择性的索引（参见第 5 章）。

2.6　MongoDB 架构

我们可以在不参考 MongoDB 架构的情况下进行大量性能优化。但是，如果我们做好了工作并完全优化了工作负载，那么最终的性能限制因素可能就是数据库服务器本身了。此时，如果想优化其内部效率，就需要了解 MongoDB 的架构。

2.6.1　mongod

在简单的 MongoDB 实现中，MongoDB 客户端向 MongoDB 守护进程 mongod 发送有线协议消息。例如，如果你在笔记本计算机上安装 MongoDB，一个 mongod 进程将响应所有 MongoDB 有线协议请求。

2.6.2　存储引擎

存储引擎从底层存储介质和格式中抽象出数据库存储。例如，一个存储引擎可能将数据存储在内存中，另一个可能将数据存储在云对象存储中，而第三个可能将数据存储在本地磁盘上。

MongoDB 可以支持多种存储引擎。最初，MongoDB 只附带了一个相对简单的存储引擎，它将数据存储为内存映射文件。这个存储引擎被称为 MMAP（Memory-Mapped）引擎。

2014 年，MongoDB 收购了 WiredTiger 存储引擎。WiredTiger 相比 MMAP 有很多优势，并且从 MongoDB 3.6 开始它成为默认的存储引擎。在本书中，我们将主要关注 WiredTiger。

WiredTiger 为 MongoDB 提供了一个高性能的磁盘访问层，其中包括缓存、一致性和并发管理以及其他现代数据访问设施。

图 2-2 展示了简单 MongoDB 部署的架构。

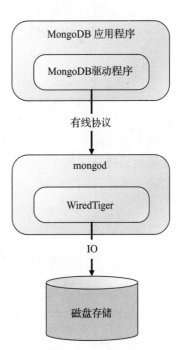

图 2-2　简单 MongoDB 部署的架构

2.6.3 副本集

MongoDB 通过副本集来实现容错。

副本集由一个主节点和两个及以上辅助节点组成。主节点接受所有的写入请求，并将它们同步或异步地传播到辅助节点。

所有的可用节点通过竞选来成为主节点。要成为主节点，节点必须能够联系超过一半的副本集成员。这种方法的好处是：如果网络分区将副本集拆分为两个分区，能够确保只有一个分区会尝试选举主分区。可使用 RAFT 协议[⊖]确定哪个节点成为主节点，目的是将故障转移后的任何数据丢失或不一致的损失最小化。

主节点将有关文档更改的信息存储在称为 Oplog 的本地数据库中的集合中。主节点不断尝试将这些更改同步到辅助节点。

副本集中的成员通过"心跳"（heartbeat）消息频繁进行通信。如果主节点发现自己无法从一半以上的辅助节点接收"心跳"消息，那么它就会失去其主节点身份，并重新开启主节点选举。图 2-3 展示了一个含三个成员的副本集，并展示了网络分区如何导致主节点的更改。

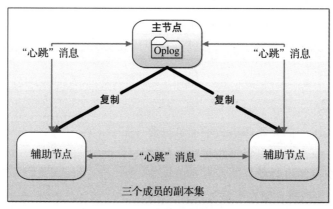

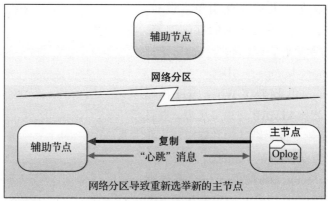

图 2-3 MongoDB 副本集选举

⊖ https://en.wikipedia.org/wiki/Raft_(computer_science)。

MongoDB 副本集的存在主要是为了支持高可用性——允许 MongoDB 集群在单个节点发生故障时继续可用。但是，这可能导致性能更好或者性能更差。

如果 MongoDB 写入策略是节点数大于 1，那么每个 MongoDB 的写入操作（插入、更新和删除）都需要由多个集群成员确认。这将导致集群比单节点集群执行得更慢。另外，如果将读取策略设置为允许从辅助节点读取，则可以通过将读取负载分散到多个服务器来提高读取性能。第 13 章将讨论读取策略与写入策略对性能的影响。

2.6.4　分片

虽然副本集的存在主要是为了支持高可用性，但 MongoDB 分片旨在提供横向扩展功能。"横向扩展"使我们可以通过向集群添加更多节点来增加数据库容量。

在分片数据库集群中，选定的集合跨多个数据库实例进行分区。每个分区被称为"分片"。此分区基于**分片键**的值，例如，可以根据客户标识符、客户邮政编码或出生日期进行分片。选择特定的分片键可能会对性能产生积极或消极的影响，第 14 章将介绍如何优化分片键。在对特定文档进行操作时，数据库会确定哪个分片包含数据并将数据发送到适当的节点。

MongoDB 分片架构的高级表示如图 2-4 所示。每个分片都存在于不同的 MongoDB 服务器中，它并不知道它在整个集群中是怎么分布的（图中的①）。配置服务器②包含用于确定数据如何跨分片分布的元数据。路由器进程③负责将客户端请求路由到适当的分片服务器。

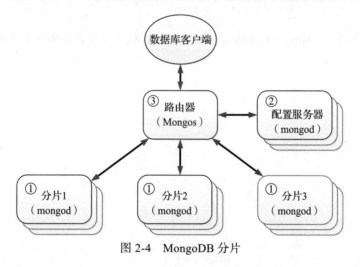

图 2-4　MongoDB 分片

为了对集合进行分片，我们选择一个**分片键**，它是一个或多个索引属性，用于确定文档在分片之间的分布。请注意，并非所有集合都需要分片。未分片集合的流量（读写等操作）将被定向到单个分片中。

2.6.5　分片机制

跨分片的数据分布可以是**基于范围的**，也可以是**基于散列的**。在基于范围的分区中，每个分片都分配有特定范围的分片键值。MongoDB 会参考索引中键值的分布，以确保为每个分片分配大约相同数量的键。在基于散列的分片中，键是基于应用于分片键的散列函数来分布的。

有关基于范围和基于散列的分片的更多详细信息，请参阅第 14 章。

2.6.6　集群平衡

在实现基于散列的分片时，大多数情况下每个分片中的文档数量趋于保持平衡。但是，在基于范围的分片配置中，分片很容易变得不平衡，尤其是当分片键基于不断增加的值（例如自动递增的主键 ID）时。

因此，MongoDB 将周期地评估集群中分片的平衡情况，并在需要时执行重新平衡操作。

2.7　小结

本章简要回顾了 MongoDB 的关键架构元素，这些元素是 MongoDB 性能调优时必须要了解的。大多数读者已经大致熟悉本章所涵盖的概念，但确保你了解 MongoDB 的基础知识总是没错的。

了解有关这些主题的更多信息的最佳途径是 MongoDB 文档集，见 https://docs.mongodb.com/。

第 3 章将深入探讨 MongoDB 提供的基本工具，这些工具应该是你调优过程中的“常客”。

第 3 章 *Chapter 3*

行业工具

有人说工匠的好坏取决于他们的工具。幸运的是，我们不需要昂贵或难以找到的工具即可调优 MongoDB 应用程序或数据库。但是，你应该非常熟悉 MongoDB 在 MongoDB 服务器中免费提供的工具。

本章将回顾 MongoDB 性能调优基本工具包的组件，特别是：

❑ explain() 函数，它阐明了 MongoDB 在执行命令时所采取的步骤。

❑ 剖析器，它允许你捕获和分析 MongoDB 服务器上的工作负载。

❑ 显示 MongoDB 服务器全局状态的命令，特别是 ServerStatus() 和 CurrentOp()。

❑ 图形化的 MongoDB Compass 工具，它为前面列出的大多数命令行用法提供了一个可替代的、用户友好的图形界面。

3.1 explain()

explain() 函数允许你检查查询计划。它是调优 MongoDB 性能的重要工具。

对于几乎所有的操作，MongoDB 有不止一种方法来检索和处理所涉及的文档。当 MongoDB 准备执行语句时，它必须确定哪种方法最快。确定这个"最佳"数据获取路径的过程就是**查询优化**的过程，详见第 2 章。

例如，考虑以下查询：

```
db.customers.
  find(
    {
      FirstName: "RUTH",
```

```
      LastName: "MARTINEZ",
      Phone: 496523103
    },
    { Address: 1, dob: 1 }
  ).
  sort({ dob: 1 });
```

对于此示例，假设有关于 FirstName、LastName、Phone 和 dob 的索引。这些索引为 MongoDB 提供了以下用于解析查询的选择：

- ❑ 扫描整个集合，寻找符合姓名和电话号码过滤条件的文档，然后通过 dob 对这些文档进行排序。
- ❑ 使用 FirstName 上的索引找到所有"RUTH"，然后根据 LastName 和 Phone 过滤这些文档，最后根据 dob 对其余部分进行排序。
- ❑ 使用 LastName 上的索引找到所有"MARTINEZ"，然后根据 FirstName 和 Phone 过滤这些文档，最后根据 dob 对其余部分进行排序。
- ❑ 使用 Phone 上的索引查找具有匹配电话号码的所有文档，然后排除不是 RUTH MARTINEZ 的人，最后按 dob 排序。
- ❑ 使用 dob 上的索引按出生日期对文档进行排序，然后剔除不符合查询条件的文档。

这些方法中的每一种都会返回正确的结果，但每种方法都有不同的性能特征。确定使用哪种方法最快是 MongoDB 优化器的工作。

explain() 函数揭示了查询优化器的决策，并且在某些情况下可以让你检查其推理过程。

3.1.1 开始使用 explain()

为了检查优化器的执行策略，我们使用集合对象的 explain() 方法，并将 find()、update()、insert() 或 aggregate() 操作传递给该方法。例如，为了解释之前介绍的查询，我们可以发出以下命令[⊖]：

```
var explainCsr=db.customers.explain().
  find(
    {
      FirstName: "RUTH",
      LastName: "MARTINEZ",
      Phone: 496523103
    },
    { Address: 1, dob: 1 }
  ).
  sort({ dob: 1 });
var explainDoc=explainCsr.next();
```

explain() 发出一个光标，该光标返回一个 JSON 文档，其中包含有关查询执行的信息。因

⊖ 也可以将 explain() 操作放在最后，即采用 db.collection.find().explain 替代 db.collection.explain().find()。但是，不建议使用前一种语法。

为它是一个光标，所以我们需要在调用 explain() 之后通过调用 next() 来获取解释函数输出。

最重要的解释函数输出部分是 winningPlan，我们可以像下面这样提取它：

```
mongo> printjson(explainDoc.queryPlanner.winningPlan);
{
  "stage": "PROJECTION_SIMPLE",
  "transformBy": {
    "Address": 1,
    "dob": 1
  },
  "inputStage": {
    "stage": "SORT",
    "sortPattern": {
      "dob": 1
    },
    "inputStage": {
      "stage": "SORT_KEY_GENERATOR",
      "inputStage": {
        "stage": "FETCH",
        "filter": {
          "$and": [
            <snip>
          ]
        },
        "inputStage": {
          "stage": "IXSCAN",
          "keyPattern": {
            "Phone": 1
          },
          "indexName": "Phone_1",
          "isMultiKey": false,
          "multiKeyPaths": {
            "Phone": [ ]
          },
          "isUnique": false,
          "isSparse": false,
          "isPartial": false,
          "indexVersion": 2,
          "direction": "forward",
          "indexBounds": {
            "Phone": [
              "[496523103.0, 496523103.0]"
            ]
          }
        }
      }
    }
  }
}
```

它仍然非常复杂，我们已删除了一些东西来简化它。但是，你可以看到它列出了查询执行的多个阶段，每个阶段（上一步）的输入嵌套为 inputStage。为了破译输出，需要从嵌套最深的 inputStage 开始，从内到外读取 JSON 以获取执行计划。

如果愿意的话，你也可以使用我们的实用程序脚本中的 mongoTuning.quickExplain 函数，按照执行顺序打印出这些步骤：

```
Mongo Shell>mongoTuning.quickExplain(explainDoc)
1       IXSCAN Phone_1
2     FETCH
3     SORT_KEY_GENERATOR
4    SORT
5  PROJECTION_SIMPLE
```

此脚本以非常简洁的格式打印执行计划。以下是对每个步骤的解释：

❑ IXSCAN Phone_1：MongoDB 使用 Phone_1 索引来查找具有 Phone 属性匹配值的文档。

❑ FETCH：MongoDB 会过滤掉那些从索引返回的 FirstName 和 LastName 值不正确的文档。

❑ SORT_KEY_GENERATOR：MongoDB 从 FETCH 操作中提取 dob 值，为后续的 SORT 操作做准备。

❑ SORT：MongoDB 根据 dob 的值对文档进行排序。

❑ PROJECTION_SIMPLE：MongoDB 将 address 和 dob 属性发送到输出流中（这些是查询请求需要的属性）。

可能的执行计划有很多种，我们将在后续章节中介绍。

熟悉 MongoDB 可以采用的可能执行步骤对于理解 MongoDB 正在做什么至关重要。你可以在本书的 GitHub 存储库 https://github.com/gharriso/MongoDBPerformanceTuningBook/blob/master/ExplainPlanSteps.md 上找到关于不同步骤的说明，还可以在 MongoDB 文档（https://docs.mongodb.com/manual/reference/explain-results/）中找到大量信息。

大量的 explain() 操作可能看起来令人生畏，但大多数时候，我们将处理一些基本程序组合，例如：

❑ COLLSCAN：不使用索引扫描整个集合。

❑ IXSCAN：使用索引查找文档（有关索引的详细信息，请参阅第 5 章）。

❑ SORT：不使用索引对文档进行排序。

3.1.2 替代计划

explain() 不仅可以告诉我们使用了哪个计划，还可以告诉我们拒绝了哪些计划。我们可以在 queryPlanner 的数组 rejectedPlans 中找到被拒绝的计划。在这里，我们使用 quickExplain 来检查被拒绝的计划：

```
Mongo> mongoTuning.quickExplain
        (explainDoc.queryPlanner.rejectedPlans[1])
1         IXSCAN LastName_1
2         IXSCAN Phone_1
3       AND_SORTED
4     FETCH
5     SORT_KEY_GENERATOR
6   SORT
7   PROJECTION_SIMPLE
```

这个被拒绝的计划为了检索结果合并了两个索引：LastName 上的索引和 Phone 上的索引。为什么被拒绝？第一次执行此查询时，MongoDB 查询优化器估计了执行每个候选计划所需的工作量。具有最低估计工作量的计划（通常是必须处理最少数量文档的计划）获胜。queryPlanner.rejectedPlans 列出了所有被拒绝的计划。

3.1.3 执行统计信息

如果将参数 executionStats 传递给 explain()，则 explain() 将执行整个请求并报告计划中每个步骤的性能。以下是一个使用 executionStats 的示例：

```
var explainObj = db.customers.
  explain('executionStats').
  find(
    {FirstName: "RUTH",
      LastName: "MARTINEZ",
      Phone: 496523103},
    { Address: 1, dob: 1 }
  ).sort({ dob: 1 });

var explainDoc = explainObj.next();
```

执行统计信息会包含在生成的计划文档中的 executionStages 部分：

```
mongo> explainDoc.executionStats
{
  "executionSuccess": true,
  "nReturned": 1,
  "executionTimeMillis": 0,
  "totalKeysExamined": 1,
  "totalDocsExamined": 1,
  "executionStages": {
    "stage": "PROJECTION_SIMPLE",
    "nReturned": 1,
    "executionTimeMillisEstimate": 0,
    "works": 6,
    "advanced": 1,
    "needTime": 3,
```

```
      "needYield": 0,
      "saveState": 0,
      "restoreState": 0,
      "isEOF": 1,
      "transformBy": {
        "Address": 1,
        "dob": 1
      },
      "inputStage": {
        "stage": "SORT",
// Many, many more lines of output
            }}
    }
```

> 🔍 **注意** 为了获取执行统计信息，explain("executionStats") 将完整执行相关的 MongoDB 语句。这意味着可能需要比完成简单 explain() 更长的时间并在 MongoDB 服务器上产生大量负载。

---

executionSteps 子文档包含整体执行统计信息（例如 executionTimeMillis），以及 executionStages 文档中带注释的执行计划。executionStages 就像 winningPlan 一样是结构化的，但它有每个步骤的统计信息。有很多统计数据，但最重要的是：

❑ executionTimeMillisEstimate：执行相关步骤消耗的时间（单位为 ms）。

❑ keysExamined：执行相关步骤读取的索引键数。

❑ docsExamined：执行相关步骤读取的文档数。

阅读 executionSteps 文档是比较困难的，因此我们编写了 mongoTuning.executionStats()，以与 mongoTuning.quickExplain 脚本类似的格式打印出关键步骤和统计信息：

```
mongo> mongoTuning.executionStats(explainDoc);

1    COLLSCAN ( ms:10427 docs:411121)
2    SORT_KEY_GENERATOR ( ms:10427)
3    SORT ( ms:10427)
4    PROJECTION_SIMPLE ( ms:10428)

Totals:  ms: 12016   keys: 0   Docs: 411121
```

我们将在 3.1.4 节中使用此函数来调优 MongoDB 查询。

3.1.4 使用 explain() 来调优查询

现在我们已经学会了如何使用 explain()，接着我们通过一个简短的例子来展示如何使用它来调优查询。以下是我们要调整的查询的 explain 命令：

```
mongo> var explainDoc=db.customers.
  explain('executionStats').
  find(
   { Country: 'United Kingdom',
     'views.title': 'CONQUERER NUTS' },
   { City:1,LastName: 1, phone: 1 }
  ).
  sort({City:1, LastName: 1 });
```

这个查询针对一个假设的 Netflix 风格的客户数据库生成了一个看过电影 *Conqueror Nuts* 的英国客户列表。

我们使用 mongoTuning.executionStats 来提取执行统计信息：

```
Mongo> mongoTuning.executionStats(explainDoc);

1    COLLSCAN ( ms:12 docs:411121)
2    SORT_KEY_GENERATOR ( ms:12)
3    SORT ( ms:12)
4    PROJECTION_SIMPLE ( ms:12)

Totals: ms: 253  keys: 0  Docs: 411121
```

COLLSCAN 步骤对整个集合进行全面扫描，首先检查 411 121 份文档。它只需要 253ms（大约 0.25s），但也许我们可以做得更好。那里还有一个 SORT。我们想看看是否可以使用索引来避免排序，因此，我们创建一个索引，该索引应具有来自过滤器子句的属性（Country 和 views.title）以及来自排序操作的属性（City 和 LastName）：

```
db.customers.createIndex(
  { Country: 1, 'views.title': 1,
    City: 1, LastName: 1  },
  { name: 'ExplainExample' }
);
```

现在，当我们生成执行统计信息时，输出如下：

```
1    IXSCAN ( ExplainExample ms:0 keys:685)
2    FETCH ( ms:0 docs:685)
3    PROJECTION_SIMPLE ( ms:0)

Totals: ms: 2  keys: 685  Docs: 685
```

新索引建好后，查询几乎立即返回，检查的文档（键）数量从 411 121 减少到 685。我们将访问的数据量减少了 97%，并将执行时间缩短了几个数量级。请注意，这里不再有 SORT 步骤，MongoDB 能够使用索引按顺序返回文档，而无须显式地排序。

explain() 本身不会调优查询，但如果没有 explain()，我们将只能模糊地指示 MongoDB

正在做什么。因此，在优化 MongoDB 查询时，我们将广泛使用 explain。

3.1.5 可视化解释函数的使用方法

有很多选项可用于可视化解释函数输出，而无须阅读大量 JSON 输出或使用实用程序脚本。可视化解释函数输出很有用，但根据我们的经验，调试原始解释函数输出并从命令行获取解释结果的能力仍然是必不可少的。

MongoDB Compass 是 MongoDB 自己的图形用户界面实用程序。图 3-1 展示了 MongoDB Compass 如何显示解释函数输出的可视化表示。图 3-2 展示了开源 dbKoda 产品⊖中的可视化解释函数输出。

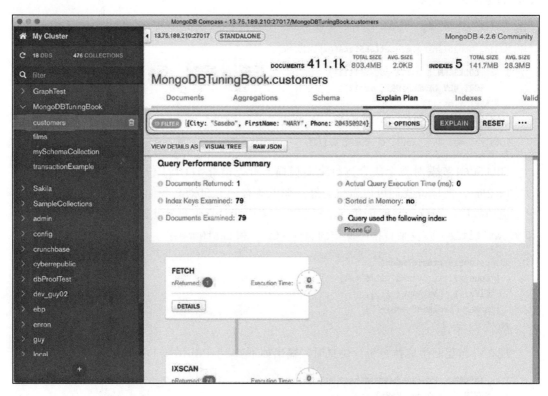

图 3-1　MongoDB Compass 中的可视化解释函数输出

MongoDB 的其他 GUI 还包括用于显示解释函数输出的可视化选项。请记住，虽然这些工具可以帮助将 explain() 命令的输出可视化，但是否能够理解解释函数输出并进行适当的调整取决于你自己！

⊖　透露一下：Michael 和 Guy 都在开发 dbKoda 产品。

图 3-2　dbKoda 中的可视化解释函数输出

3.2　查询剖析器

explain() 是一个很好的工具，可以调整单个 MongoDB 查询，但无法告诉我们应用程序中的哪些查询需要调优。例如，在第 1 章中给出的示例中，我们描述了一个应用程序，其中 IO 由于缺少单个索引而过载。我们如何找到生成该 IO 的语句并从中确定所需的索引？这就是 MongoDB 剖析器的用武之地。

MongoDB 剖析器允许收集有关正在数据库上运行的命令的信息。在 explain() 使你能够确定单个命令的执行方式的情况下，剖析器将为你提供有关正在运行的命令以及哪些命令可能需要调优的更高级别的视图。

默认情况下，查询剖析器处于禁用状态，可以在每个数据库上单独配置。剖析器可以设置为三个级别：

❑ 0：设置为 0 表示对数据库禁用分析。这是默认级别。

❑ 1：剖析器将只收集完成时间比 slowms 命令更长的信息。

❑ 2：剖析器将收集所有命令的信息，无论它们是否比 slowms 完成得快。

分析由 db.setProfilingLevel() 命令控制。setProfilingLevel 采用下面的语法结构：

```
db.setProfilingLevel(level,
    {slowms:slowMsThreshold,
     sampleRate:samplingRate});
```

setProfilingLevel 采用以下参数：

❑ level：对应于前文中描述的三个级别（0、1或2）。0表示禁用跟踪，1表示跟踪耗时超过 slowms 阈值的语句，而 2 表示跟踪所有语句。

❑ slowMsThreshold：设置 level 为 1 时跟踪的执行阈值时间。

❑ samplingRate：确定随机采样级别。例如，如果将 samplingRate 设置为 0.5，则将跟踪一半的语句。

> 🔖 **注意** 查询剖析器不能用于分片实例。如果针对分片集群设置 setProfilingLevel，它将只设置 slowms 和 samplerate 的值，以确定哪些操作将写入 MongoDB 日志。

你可以使用 db.getProfilingStatus() 命令检查当前的跟踪级别。在下面的示例中，我们检查当前的分析级别，然后设置剖析器使其捕获所有消耗超过 2ms 执行时间的语句，最后，我们再次检查当前的分析级别以观察我们的新配置：

```
mongo>db.getProfilingStatus();
{
  "was": 0,
  "slowms": 20,
  "sampleRate": 1
}
mongo>db.setProfilingLevel(1,{slowms:2,sampleRate:1});
{
  "was": 0,
  "slowms": 20,
  "sampleRate": 1,
  "ok": 1
}
mongo>db.getProfilingStatus();
{
  "was": 0,
  "slowms": 2,
  "sampleRate": 1
}
```

3.2.1 system.profile 集合

分析信息存储在 system.profile 集合中。system.profile 是一个循环集合，集合的大小是固定的，当超过该大小时，旧条目将被删除，从而为新条目腾出空间。system.profile 的默认大小仅为 1MB，因此你可能希望增加其大小。这需要停止分析、删除集合并以更大的容量重新创建，如下所示：

```
mongo>db.setProfilingLevel(0);
{
  "was": 1,
  "slowms": 2,
```

```
      "sampleRate": 1,
      "ok": 1
    }
mongo >db.system.profile.drop();
true
mongo >db.createCollection(
              "system.profile",
              {capped: true, size:10485760 } ); // 10MB
    {
      "ok": 1
    }
mongo >db.setProfilingLevel(1);
    {
      "was": 0,
      "slowms": 2,
      "sampleRate": 1,
      "ok": 1
    }
```

3.2.2　分析剖析数据

一般简要剖析方法如下：

1. 使用适当的 slowms 级别、sampleRate 和 system.profile 集合大小启用剖析器。
2. 允许有代表性的工作负载对数据库进行操作。
3. 关闭剖析器并分析结果。

注意 通常不希望剖析器一直处于打开状态，因为它会给数据库带来很大的性能负担。

要分析 system.profile 中的数据，可以针对该集合发出 MongoDB find() 或 aggregate() 语句。system.profile 中有很多有用的信息，但它可能会令人感到疑惑且难以分析。存在大量属性需要检查，在某些情况下，单个语句的执行统计信息可能分布在集合中的多个条目当中。

为了准确了解特定语句对数据库造成的负担，我们需要聚合所有结构相同的语句的数据，即使它们在文本上并不完全相同。这样的语句具有相同的**查询结构**（query shape）。例如，以下两个查询可能来自同一段代码并且具有相同的调优解决方案：

```
db.customers.find({"views.filmId":987}).sort({LastName:1});
db.customers.find({"views.filmId":317}).sort({LastName:1});
```

但是，由于此语句每次执行都在 system.profile 集合中写入一个单独的条目，因此我们需要汇总所有统计信息。我们可以通过聚合在 system.profile 的属性 queryHash 上具有相同值的所有语句来做到这一点。

处理大量数据的语句还有一个更复杂的问题。例如，拉取超过 1000 个文档的查询本身会在 system.profile 中写入一条记录，获取后续每个连续批次数据的 getMore 操作也将在 system.profile 中写入一条记录。幸运的是，每个 getMore 操作都将与其父操作共享 cursorId 属性，因此我们也可以聚合该属性。

代码清单 3-1 展示了一个聚合管道，它执行必要的聚合操作以列出数据库中消耗最多时间的语句[⊖]。

代码清单 3-1　从 system.profile 聚合统计信息

```
db.system.profile.aggregate([
  { $group:{ _id:{ "cursorid":"$cursorid"  },
            "count":{$sum:1},
            "queryHash-max":{$max:"$queryHash"} ,
            "millis-sum":{$sum:"$millis"} ,
            "ns-max":{$max:"$ns"}
      }
  },
  { $group:{ _id:{"queryHash":"$queryHash-max" ,
            "collection":"$ns-max"  },
            "count":{$sum:1},
            "millis":{$sum:"$millis-sum"}
      }
  },
  { $sort:{  "millis":-1 }},
  { $limit:  10 },
]);
```

该聚合操作的输出如下：

```
{ "_id": { "queryHash": "14C08165", "collection": "MongoDBTuningBook.
customers" }, "count": 17, "millis": 6844 }
{ "_id": { "queryHash": "81BACDE0", "collection": "MongoDBTuningBook.
customers" }, "count": 13, "millis": 3275 }
{ "_id": { "queryHash": "1215D594", "collection": "MongoDBTuningBook.
customers" }, "count": 13, "millis": 3197 }
{ "_id": { "queryHash": "C05DC5D9", "collection": "MongoDBTuningBook.
customers" }, "count": 14, "millis": 2821 }
{ "_id": { "queryHash": "B3A7D0DB", "collection": "MongoDBTuningBook.
customers" }, "count": 12, "millis": 2525 }
{ "_id": { "queryHash": "F7B164E4", "collection": "MongoDBTuningBook.
customers" }, "count": 12, "millis": 43 }
```

可以看到，queryHash 为 14C08165 的查询在调优过程中消耗的时间最多。我们可以通过在 system.profile 集合中查找具有匹配散列值的条目来获取有关此查询的详细信息：

```
mongo>db.system.profile.findOne(
...    { queryHash: '14C08165' },
```

⊖　代码清单 3-1 的查询在调优脚本中包含在 mongoTuning.ProfileQuery() 中。

```
...   { ns: 1, command: 1, docsExamined: 1,
...     millis: 1, planSummary: 1 }
... );
{
  "ns": "MongoDBTuningBook.customers",
  "command": {
    "find": "customers",
    "filter": {
      "Country": "Yugoslavia"
    },
    "sort": {
      "phone": 1
    },
    "projection": {
    },
    "$db": "MongoDBTuningBook"
  },
  "docsExamined": 101,
  "millis": 31,
  "planSummary": "IXSCAN { Country: 1, views.title: 1, City: 1, LastName:
1, phone: 1 }"
}
```

此查询包含在 mongoTuning 包的 mongoTuning.getQueryByHash 函数中。

此查询基于给定的 queryHash 检索相关的命令、执行时间、已检查的文档和执行计划摘要。system.profile 包括很多附加属性，但之前的有限集应该足以开始你的优化工作。下一步可能是为该命令生成完整的执行计划（包括 executionStats），并确定是否可以实现更好的执行计划（提示：我们可能想要对排序操作做一些更改）。

请记住，explain() 可以帮助我们调优单个命令，而剖析器可以帮助我们找到需要调优的命令。现在，我们可以识别和优化有问题的 MongoDB 命令了。

3.3　使用 MongoDB 日志进行调优

查询剖析器并不是找出后台正在运行的查询的唯一方法。命令执行情况也可以在 MongoDB 日志中找到。这些日志的位置取决于服务器配置。通常可以使用以下命令确定日志文件的位置：

```
db.getSiblingDB("admin").
  runCommand({ getCmdLineOpts: 1 } ).parsed.systemLog;
```

假设我们已使用 --logpath 参数将日志推送到文件中，例如：

```
User> mongod --port 27017 --dbpath ./data --logpath ./mongolog.txt
```

我们可以使用操作系统命令（如 tail）甚至文本编辑器查看日志。但是，如果我们运行查询，然后查看日志文件，我们可能看不到任何记录查询执行情况的日志条目。这是因为，默认情况下只会记录超过慢速操作阈值的命令。这个慢速操作阈值与 3.2 节中的 slowms 参数相同。

确保执行的查询显示在日志文件中的方法有两种：

❑ 我们可以使用 db.setProfilingLevel 命令降低 slowms 的值。如果 db.setProfiling-Level 设置为 0，则满足 slowms 标准的命令都将写入日志。例如，如果我们设置 db.setProfilingLevel(0,{slowms:10})，那么任何执行时间超过 10ms 的命令都会输出到日志中。

❑ 我们可以使用 db.setLogLevel 命令强制记录所有指定类型的查询。

db.setLogLevel 可用于控制日志输出的详细程度。该命令具有以下语法：

```
db.setLogLevel(Level,Component)
```

其中，

❑ Level：表示日志记录的详细程度，从 0 到 5。通常，取 2 足以进行命令监控。

❑ Component：控制受影响的日志消息的类型。以下组件与此相关：

■ query：记录所有 find() 命令。

■ write：记录更新、删除和插入语句。

■ command：记录其他 MongoDB 命令，包括 aggregate。

通常，需要在完成测试后将详细程度设置回 0，否则，可能会生成不可接受级别的日志输出。现在，我们知道如何在日志中显示命令，我们来看看它的实际效果！

我们设置 logLevel 来捕获 find() 操作，设置 find() 日志输出，然后恢复日志记录级别：

```
mongo> db.setLogLevel(2,'query')
mongo> db.listingsAndReviews.find({name: "Ribeira Charming Duplex"}).
cancellation_policy;
Moderate
mongo> db.setLogLevel(0,'query');
```

最后，通过日志文件来查看我们的操作。在本例中，我们使用 grep 从文件中获取日志，但也可以在编辑器中打开该文件：

```
$ grep -i "Ribeira" /var/log/mongodb/mongo.log

2020-06-03T07:14:56.871+0000 I  COMMAND  [conn597] command sample_
airbnb.listingsAndReviews appName: "MongoDB Shell" command: find {
find: "listingsAndReviews", filter: { name: "Ribeira Charming Duplex"
}, lsid: { id: UUID("01885ece-c731-4549-8b4f-864fe527888c") }, $db:
"sample_airbnb" } planSummary: IXSCAN { name: 1 } keysExamined:1
docsExamined:1 cursorExhausted:1 numYields:0 nreturned:1 queryHash:01AEE5EC
planCacheKey:4C5AEA2C reslen:29543 locks:{ ReplicationStateTransition: {
acquireCount: { w: 1 } }, Global: { acquireCount: { r: 1 } }, Database: {
```

```
acquireCount: { r: 1 } }, Collection: { acquireCount: { r: 1 } }, Mutex: {
acquireCount: { r: 1 } } } storage:{} protocol:op_msg 0ms
```

日志位置可能有所不同，尤其是在 Windows 系统上，用于过滤日志的命令可能也不同。

分解一下日志记录的关键元素，跳过一些不是特别有趣的字段。前几个元素是关于日志本身的：

❑ 2020-06-03T07:14:56.871+0000：这条日志的时间戳。

❑ COMMAND：这条日志的类别。

接下来是一些特定于命令的信息：

❑ airbnb.listingsAndReviews：命令的命名空间——数据库和集合。此属性可用于查找与某个数据库或集合相关的命令。

❑ command:find：执行的命令的类型，例如 find、insert、update 或 delete。

❑ appName:"MongoDB Shell"：执行此命令的连接的类型；这对于过滤特定的驱动程序或 shell 很有用。

❑ filter:{name:"Ribeira Charming Duplex"}：供命令使用的过滤器。

然后是一些关于如何执行命令的具体信息：

❑ planSummary:IXSCAN：执行计划中最重要的部分。IXSCAN 指示使用索引扫描来解析查询。

❑ keysExamined:1 docsExamined:1...nreturned:1：与命令执行相关的统计信息。

❑ 0ms：执行时间。在这种情况下，执行时间不到 1ms，所以它被四舍五入为 0。

除了这些关键指标外，日志条目还包含有关锁和存储的其他信息，在更具体的用例中可能用到这些信息。你可能会认为与本章中的其他工具相比，阅读这些日志非常笨拙，确实是这样的。即使使用文本编辑器提供的搜索和过滤工具，解析这些日志也很麻烦。

减轻日志格式负担的一种方法是使用 mtools 实用工具包提供的某些日志管理工具。mtools 包括 mlogfilter，它允许过滤或者获取部分日志记录，而 mplotqueries 可创建日志数据的图形表示。

你可以在 https://github.com/rueckstiess/mtools 上了解有关 mtools 的更多信息。

3.4 服务器统计信息

到目前为止，我们已经使用 explain() 分析了单个查询的执行情况，并使用 MongoDB 剖析器检查了在给定数据库上运行的查询操作。为了进一步缩小范围，我们可以向 MongoDB 询问有关跨所有数据库、查询和命令的服务器活动的高级信息。检索此信息的命令是 db.serverStatus()。该命令会生成大量指标，包括操作计数、队列信息、索引使用情况、连接数、磁盘 IO 和内存利用率。

db.serverStatus() 命令是获取有关 MongoDB 服务器的大量高级信息的一种快速而强

大的方法。db.serverStatus() 可以帮助我们识别性能问题，甚至可以帮助我们更深入地了解调优时可能发挥作用的其他因素。如果无法弄清楚给定查询运行缓慢的原因，快速检查 CPU 和内存使用情况可能会提供重要线索。在调优应用程序时，可能并不总是独占数据库。在这些情况下，必须高度了解影响服务器性能的外部因素。

通常，这将是我们详细查看命令输出的地方。但是，db.serverStatus() 输出的数据太多（几乎 1000 行），以至于尝试分析原始输出可能会让人不知所措（并且通常不切实际）。通常，我们将查找特定值，而不是检查服务器记录的每个指标。正如从下面极度截断的输出中看到的，还有很多信息可能与我们的性能调优工作没有直接关系：

```
mongo> db.serverStatus()
{
        "host" : "Mike-MBP-3.modem",
        "version" : "4.2.2",
        "process" : "mongod",
        "pid" : NumberLong(3750),
        "uptime" : 474921,
        "uptimeMillis" : NumberLong(474921813),
        "uptimeEstimate" : NumberLong(474921),
        "localTime" : ISODate("2020-05-13T22:04:10.857Z"),
        "asserts" : {
                "regular" : 0,
                "warning" : 0,
                "msg" : 0,
                "user" : 2,
                "rollovers" : 0
        },
        ...
         945 more lines here.
        ...
        "ok" : 1,
        "$clusterTime" : {
                "clusterTime" : Timestamp(1589407446, 1),
                "signature" : {
                        "hash" : BinData(0,"AAAAAAAAAAAAAAAAAAAAAAAAAAA="),
                        "keyId" : NumberLong(0)
                }
        },
        "operationTime" : Timestamp(1589407446, 1)
}
```

由于 db.serverStatus() 输出的信息量太大，简单地执行命令然后滚动到相关数据是不常用的。相反，仅提取正在搜索的特定值或将数据聚合为更易于解析的格式通常更有用。

例如，要获取已执行的各种高级命令的计数，可以执行以下操作：

```
mongo> db.serverStatus().opcounters
```

```
{
        "insert" : NumberLong(3),
        "query" : NumberLong(1148),
        "update" : NumberLong(15),
        "delete" : NumberLong(11),
        "getmore" : NumberLong(0),
        "command" : NumberLong(2584)
}
```

以下 db.serverStatus() 中的高级分类通常很有用：

❑ connections：与服务器内的连接相关的统计信息。

❑ opcounters：命令执行总数。

❑ locks：与内部锁相关的计数器。

❑ network：进出服务器的网络流量概要。

❑ opLatencies：读取命令和写入命令以及事务所用的时间。

❑ wiredTiger：WiredTiger 存储引擎统计信息。

❑ mem：内存利用率。

❑ transactions：事务统计信息。

❑ metrics：其他指标，包括聚合阶段的计数和特定的单个命令。

我们可以使用这些高级类别和其中的嵌套文档来获取感兴趣的统计信息。例如，我们可以像下面这样深入了解 WiredTiger 缓存大小：

```
mongo> db.serverStatus().wiredTiger.cache["maximum bytes configured"]
1073741824
```

但是，以这种方式使用 db.serverStatus() 有两个问题。首先，这些计数器并没有告诉我们很多关于服务器上正在发生的事情，因此很难确定哪些指标可能会影响应用程序的性能。其次，这个方法需要假设已知将要查找哪些指标，或者一次一个地遍历指标以寻找线索。

如果使用的是 MongoDB Atlas 或 Ops Manager，这两个问题可能可以解决，因为这些工具会计算基本指标的比率并以图形方式显示它们。但是，你最好了解一下如何从命令行获取这些指标，因为你永远不知道将来可能使用哪种类型的 MongoDB 配置。

第一个问题——获得最近一段时间的统计数据——的解决方案是在给定的时间间隔内抽取两个样本并计算它们之间的差异。例如，我们创建一个简单的辅助函数，它将使用两个样本来查找在 10s 间隔内运行的查找操作的数量：

```
mongo> var sample = function() {
...     var sampleOne = db.serverStatus().opcounters.query;
...     sleep(10000); // Wait for 10000ms (10 seconds)
...     var sampleTwo = db.serverStatus().opcounters.query;
...     var delta = sampleTwo - sampleOne;
...     print(`There were ${delta} query operations during the sample.`);
... }
mongo> sample()
There were 6 query operations during the sample.
```

现在，我们可以很容易地看到在采样周期内正在运行哪些操作，我们可以将操作数量除以采样周期来计算操作速率（即每秒的操作数）。尽管这可行，但最好构建一个辅助函数来获取所有服务器状态数据并计算所有相关指标的变化率。我们在 mongoTuning 包中包含了这样一个通用脚本。

mongoTuning.keyServerStats 在感兴趣的时间段内获取两个 serverStatus 样本并打印一些关键性能指标。在这里，我们在 60s 的时间间隔内打印一些需要的统计信息：

```
rs1:PRIMARY> mongoTuning.keyServerStats(60000)
{
        "netKBInPS" : "743.4947",
        "netKBOutPS" : 946.0005533854167,
        "intervalSeconds" : 60,
        "queryPS" : "2392.2833",
        "getmorePS" : 0,
        "commandPS" : "355.4667",
        "insertPS" : 0,
        "updatePS" : "118.4500",
        "deletePS" : 0,
        "docsReturnedPS" : "0.0667",
        "docsUpdatedPS" : "118.4500",
        "docsInsertedPS" : 0,
        "ixscanDocsPS" : "118.4500",
        "collscanDocsPS" : "32164.4833",
        "scansToDocumentRatio" : 484244,
        "transactionsStartedPS" : 0,
        "transactionsAbortedPS" : 0,
        "transactionsCommittedPS" : 0,
        "transactionAbortPct" : 0,
        "readLatencyMs" : "0.4803",
        "writeLatencyMs" : "7.0247",
        "cmdLatencyMs" : "0.0255",
```

我们将在后面的章节中看到使用 mongoTuning 脚本的示例。db.serverStatus() 输出的原始数据量现在可能看起来令人生畏。但别担心，你只需要知道十几个关键指标即可了解 MongoDB 的性能，并且使用 mongoTuning 包中包含的辅助函数可以轻松地检查那些相关的统计数据。在后面的章节中，我们将看到如何利用 db.serverStatus() 指标来调优 MongoDB 服务器性能。

3.5　检查当前操作

调优 MongoDB 性能的另一个有用工具是 db.currentOp() 命令。此命令的工作原理与你想象的一样，它返回有关当前在数据库上运行的操作的信息。即使当前没有对数据库运行任何操作，该命令仍可能返回大量后台操作。

当前正在执行的操作将列在名为 inprog 的数组中。在这里，我们计算操作数并查看（截断）列表中第一个操作的详细信息：

```
mongo> db.currentOp().inprog.length
7
mongo> db.currentOp().inprog[0]
        {
                    "type" : "op",
                    "host" : "Centos8:27017",
                    "desc" : "conn557",
                    "connectionId" : 557,
                    "client" : "127.0.0.1:44036",
                    "clientMetadata" : {
                            /* Info about the OS and client driver */
                    },
                    "active" : true,
                    "currentOpTime" : "2020-06-08T07:05:12.196+0000",
                    "effectiveUsers" : [
                            {
                                    "user" : "root",
                            "db" : "admin"
                    }
        ],
        "opid" : 27238315, /* Other ID info */
        },
        "secs_running" : NumberLong(0),
        "microsecs_running" : NumberLong(35),
        "op" : "update",
        "ns" : "ycsb.usertable",
        "command" : {
                    "q" : {
                            "_id" : "user5107998579435405958"
                    },
                    "u" : {
                      "$set":{"field4":BinData(0,"O1sxM..==")
                            }
                    },
                    "multi" : false,
                    "upsert" : false
        },
        "planSummary" : "IDHACK",
        "numYields" : 0,
        "locks" : {
                    /* Lots of lock statistics */
        },
        "waitingForFlowControl" : false,
        "flowControlStats" : {
                    "acquireCount" : NumberLong(1),
                    "timeAcquiringMicros" : NumberLong(1)
        }
}
```

　　我们可以在前面的输出中看到有 7 个操作正在运行。如果像前面的例子一样检查这些条目中的某一个，我们会看到很多关于当前正在执行的进程的信息。

与 db.serverStatus() 一样，输出中有很多信息，乍一看可能看起来太多了。但是输出中有几个部分很关键：

❑ microsecs_running 告诉我们操作进行了多长时间。

❑ ns 是操作正在使用的命名空间（即数据库和集合）。

❑ op 显示正在进行的操作的类型，command 显示当前正在执行的命令。

❑ planSummary 列出了 MongoDB 认为的在执行计划中最重要的元素。

在调优场景下，我们可能只关心作为应用程序一部分（而发送给服务器）的操作。对我们来说，幸运的是 currentOp() 命令支持一个额外的参数，可以帮助过滤掉我们不关心的操作。

如果试图只识别在给定集合上运行的操作，则可以为 ns（命名空间）传入一个过滤器，只有匹配此过滤器的操作才会被输出：

```
> db.currentOp({ns: "enron.messages"})
{
        "inprog" : [
                {
                        "type" : "op",
                        "host" : "Centos8:27017",
                        "desc" : "conn213",
                        "connectionId" : 213,
                        "client" : "1.159.98.235:52456",
                        "appName" : "MongoDB Shell",
                        "clientMetadata" : {
. . .

                        "op" : "getmore",
                        "ns" : "enron.messages",
. . .
        }
```

我们还可以通过为 op 字段传入过滤器来过滤特定类型的操作，或者组合多个字段过滤器来回答诸如"当前在特定集合上运行哪些插入操作？"之类的问题：

```
> db.currentOp({ns: "enron.messages", op: "getmore"})
```

我们还可以将两个特殊运算符传递给 db.currentOp 的过滤器。第一个是 $all。如你所想，如果 $all 设置为 true，则输出将包括所有操作，包括系统和空闲连接操作。这里计算总操作数，包括空闲操作：

```
mongo> db.currentOp({$all: true}).inprog.length
25
```

另一个是 $ownOps。如果 $ownOps 设置为 true，则只会返回执行 db.currentOp 命令的用户的操作。正如在以下示例中看到的，它们可以帮助减少返回的操作数：

```
mongo> db.currentOp({$ownOps: true}).inprog.length
1
> db.currentOp({$ownOps: false}).inprog.length
7
```

在使用 currentOp 识别出有麻烦的、资源密集型或长时间运行的操作后，可能希望终止该操作，则可以使用 currentOp 中的 opid 字段来确定要终止的进程，然后使用 db.killOp 终止该操作。

例如，假设我们发现一个运行时间非常长的查询正在使用过多的资源并导致其他操作存在性能问题。我们可以使用 currentOp 来识别这个查询，并使用 db.killOp 来终止它：

```
mongo> db.currentOP({$ownOps: true}).inprog[0].opid
69035
mongo> db.killOp(69035)
{ "info" : "attempting to kill op", "ok" : 1 }
mongo> db.currentOp({$ownOps: true, opid: 69035})
{ "inprog" : [ ], "ok" : 1 }
```

发出 killOp 后，我们可以看到操作不再运行。

3.6 操作系统监控

到目前为止，我们看到的命令阐明了 MongoDB 服务器或集群的内部状态。但是，导致性能问题的原因可能不是集群内资源消耗过多，而是托管 MongoDB 进程的系统上的资源可用性不足。

正如我们在第 2 章中看到的，MongoDB 集群可能由多个 Mongo 进程实现，这些进程可能分布在多台机器上。此外，MongoDB 进程可能与其他进程和工作负载共享机器资源。当 MongoDB 在容器化或虚拟化主机上运行时尤其如此。

操作系统监控是一个很大的主题，我们在这里只能浅尝辄止。但是，以下注意事项适用于所有操作系统和类型：

❑ 为了有效利用 **CPU 资源**，CPU 利用率接近 100% 是完全可能的。但是，CPU 运行队列（等待可用 CPU 的进程数）应尽可能地低。我们希望 MongoDB 能够在需要时获取 CPU 资源。

❑ MongoDB 进程——尤其是 WiredTiger 缓存——应该完全包含在**真实系统内存**中。如果 MongoDB 进程或内存被"换出"到磁盘，性能将迅速下降。

❑ **磁盘服务时间**应保持在相关磁盘设备的预期范围内。磁盘之间的预期服务时间不同，尤其是固态磁盘和老式磁盘之间。磁盘响应时间通常应低于 5ms。

大多数 MongoDB 集群都运行在 Linux 操作系统上。在 Linux 上，命令行程序 vmstat 和 iostat 可以检索高级统计信息。在 Windows 上，图形任务管理器程序和资源监视器程序可以执行相同的功能。

无论采用哪种方式，请确保在检查服务器统计信息时保持对操作系统资源利用率的了解。例如，你可能通过检查 db.serverStatus() 来发现需要增加 WiredTiger 的缓存大小，但如果没有足够的可用内存来支持这种增加，一旦增加了缓存，那么实际上可能会出现性能下降现象。

第 10 章将进一步介绍如何监控操作系统资源。

3.7 MongoDB Compass

了解如何只使用 MongoDB shell 进行调优是一项重要技能。但这并不是唯一的办法。

MongoDB Compass 是 MongoDB 的官方 GUI（Graphical User Interface，图形用户界面），它封装了许多命令以及一些更高级的功能。它以易于使用的界面呈现这些工具。MongoDB Compass 是免费的，是性能调优时与 shell 一起使用的便捷工具。

重要的是要记住，你越远离核心工具（我们在前面学到的数据库方法），就越不可能了解幕后发生的事情。这里不会介绍 Compass 的每个部分，但会简要介绍一下它如何包装和显示我们在本章中学到的其他工具。你可以在 http://www.mongodb.com/products/compass 下载 MongoDB Compass。

我们之前已经看到 MongoDB Compass 如何显示图形解释计划（参见图 3-1）。MongoDB Compass 还允许你更轻松地理解从 db.serverStatus() 检索到的服务器信息。在 Compass 中，当选择一个集群时，你可以简单地切换到窗口顶部的"性能"选项卡。Compass 将自动开始收集、绘制有关服务器的关键信息。有关当前操作的信息也会显示出来。图 3-3 展示了 MongoDB Compass"性能"（Performance）选项卡。

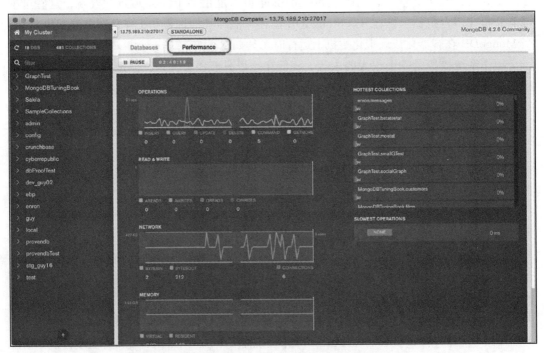

图 3-3　MongoDB Compass 中的可视化服务器状态

3.8 小结

本章旨在让你熟悉调优 MongoDB 应用程序性能时可以广泛使用的工具。当然，我们不可能在一章中介绍所有可能的工具或方法，而且本章中描述的每种方法也并非适合所有问题。这些实用程序和方法有时可能只是一个起点，我们不应完全依赖它们解决或立即识别问题。

explain() 函数将允许你查看、分析和改进操作在服务器上的执行方式。当你认为查询需要改进时，首先要检查 explain() 输出。查询剖析器可确定哪些查询可能需要调优。结合使用这两个工具，可以在 MongoDB 服务器中查找和修复最可能有问题的查询和命令。

如果服务器运行缓慢或者你不确定从哪里开始，serverStatus() 命令可以让你深入了解服务器性能。使用 currentOp()，你可以实时查看正在给定的命名空间运行的具体操作，识别长时间运行的事务，甚至终止有问题的操作。

现在我们已经配备了"工具箱"，可以学习基本的原理和方法来使用它们取得良好的效果了。正如我们在本章开头所说的，工匠的好坏取决于他们的工具，但如果没有使用工具的知识，工具就是无用的。

第二部分 *Part 2*

应用程序与数据库设计

schema 建模

在数据库中，schema 定义了数据的内部结构或组织形式。在 MySQL 或 Postgres 等关系数据库中，schema 是作为表和列实现的。

MongoDB 通常被描述为无 schema 数据库，但这会误导人们。默认情况下，MongoDB 不强制使用任何特定的文档结构，但所有 MongoDB 应用程序都会实现某种文档模型。因此，我们将 MongoDB 描述为支持灵活 schema 更为准确。

在 MongoDB 中，schema 由集合（通常表示类似文档的集合）以及这些集合中文档的结构来实现。

MongoDB 应用程序的性能限制很大程度上取决于应用程序实现的文档模型。应用程序检索或处理信息所需的工作量主要取决于该信息在多个文档中的分布方式。此外，文档的大小将决定 MongoDB 可以在内存中缓存多少文档。这些和许多其他权衡将共同决定数据库必须做多少物理工作（如磁盘读写）才能满足数据库请求。

尽管 MongoDB 没有像 SQL `ALTER TABLE` 这种耗时的语句，但一旦文档模型建立并部署到生产环境，对它进行根本性的更改仍然非常困难。因此，选择正确的数据模型是应用程序设计中一项关键的早期任务。

关于数据建模主题请参阅相关书籍。本章将尝试从性能角度介绍数据建模的核心组件。

4.1　指导原则

具有讽刺意味的是，使用 MongoDB 灵活 schema 的 schema 建模实际上比关系数据库的固定 schema 更难。

在关系数据库建模中，需要对数据进行逻辑建模，消除冗余，直到达到**第三范式**。简单地说，当一行中的每个元素都依赖于键并且只依赖于键时，就实现了第三范式。然后通过**非规范化**引入冗余以支持性能目标。生成的数据模型通常大致保持第三范式，但会稍做修改以支持关键查询。

可以将 MongoDB 文档建模为第三范式，但这个方案不太可行。MongoDB 的设计理念是，应该将所有相关信息都包含在一个文档中，而不是像在关系模型中那样将其分布在多个实体中。因此，不应该根据数据结构创建模型，而是根据查询和更新的结构创建模型。

以下是 MongoDB 数据建模的主要目标：

- **避免连接**：MongoDB 支持使用聚合框架的简单连接功能（参见第 7 章）。然而，与关系数据库相比，连接应该是一个例外，而不是规则。由于基于聚合的连接很笨拙，故在应用程序代码中连接数据更为常见。通常，我们会尽量确保关键查询可以在单个集合中找到所需的所有数据。

- **管理冗余**：将相关数据封装到单个文档中，会出现冗余问题——在数据库中可能有多个位置可以找到某个数据元素。例如，考虑产品集合和订单集合。订单集合可能会在订单详细信息中包含产品名称。如果我们需要更改产品名称，则必须在多个地方进行更改。这将使该更新操作非常耗时。

- **注意 16MB 的限制**：MongoDB 限制单个文档的大小为 16MB。我们需要确保不会尝试嵌入太多信息，以免冒超出该限制的风险。

- **保持一致性**：MongoDB 支持事务（参见第 9 章），但是它们需要特殊的编程处理并且有很大的限制。如果我们想以原子方式更新信息集，那么将这些数据元素包含在单个文档中会更有利。

- **内存监控**：我们希望保证对 MongoDB 文档的大部分操作都发生在内存中。然而，如果嵌入大量信息使文档变得非常大，那么就需要减少可以放入内存的文档数量，这可能增加 IO。因此，我们希望文件尽可能小。

4.2　链接与嵌入

MongoDB 的 schema 设计方法有很多种，但它们都是以下两种方法的变体：

- 将所有内容嵌入单个文档中。
- 使用指向其他集合中数据的指针链接集合。这大致相当于使用关系数据库的第三范式模型。

4.2.1　案例研究

链接方法和嵌入方法之间有很大的折中余地，并且选择其中之一有很多与性能无关的原因（例如，原子更新和 16MB 文档限制）。尽管如此，我们从性能的角度（至少对于特定的工作负载）来比较一下两种方法。

对于本案例研究，我们将对经典的"订单" schema 进行建模。订单 schema 包括订单、有关创建该订单的客户的详细信息以及构成该订单的产品。在关系数据库中，我们会如图 4-1 所示绘制此 schema。

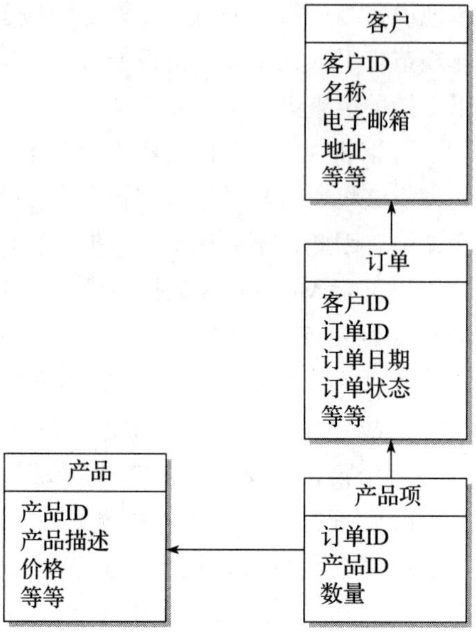

如果我们只使用链接方法对该 schema 进行建模，那么将为四个逻辑实体各创建一个集合。它们看起来会像下面这样：

```
mongo>db.customers.findOne();
{
    "_id" : 3,
    "first_name" : "Danyette",
    "last_name" : "Flahy",
    "email" : "dflahy2@networksolutions.com",
    "Street" : "70845 Sullivan Center",
    "City" : "Torrance",
    "DOB" : ISODate("1967-09-28T04:42:22Z")
}
mongo>db.orders.findOne();
{
    "_id" : 1,
    "orderDate" : ISODate("2017-03-09T16:30:16.415Z"),
    "orderStatus" : 0,
    "customerId" : 3
}
mongo>db.lineitems.findOne();
{
    "_id" : ObjectId("5a7935f97e9e82f6c6e77c2b"),
    "orderId" : 1,
    "prodId" : 158,
    "itemCount" : 48
}
mongo>db.products.findOne();
{
    "_id" : 1,
    "productName" : "Cup - 8oz Coffee Perforated",
    "price" : 56.92,
    "priceDate" : ISODate("2017-07-03T06:42:37Z"),
    "color" : "Turquoise",
    "Image" : "http://dummyimage.com/122x225.jpg/cc0000/ffffff"
}
```

图 4-1 关系形式的订单 – 产品 schema

在嵌入式设计中，我们会将与订单相关的所有信息放在一个文档中，如下所示：

```
{
  "_id": 1,
  "first_name": "Rolando",
  "last_name": "Riggert",
  "email": "rriggert0@geocities.com",
  "gender": "Male",
  "Street": "6959 Melvin Way",
  "City": "Boston",
  "State": "MA",
  "ZIP": "02119",
  "SSN": "134-53-2882",
  "Phone": "978-952-5321",
  "Company": "Wikibox",
  "DOB": ISODate("1998-04-15T01:03:48Z"),
  "orders": [
    {
      "orderId": 492,
      "orderDate": ISODate("2017-08-20T11:51:04.934Z"),
      "orderStatus": 6,
      "lineItems": [
        {
          "prodId": 115,
          "productName": "Juice - Orange",
          "price": 4.93,
          "itemCount": 172,
          "test": true
        },
```

　　每个客户都有自己的文档，在该文档中，有一系列订单。每个订单内都有一个包含在产品项（line items）中的产品数组，以及该产品项中包含的产品的所有信息。

　　在示例 schema 中，有 1000 个客户、1000 个产品、51 116 个订单和 891 551 个产品项，定义了以下索引：

```
OrderExample.embeddedOrders {"_id":1}
OrderExample.embeddedOrders {"email":1}
OrderExample.embeddedOrders {"orders.orderStatus":1}

OrderExample.customers {"_id":1}
OrderExample.customers {"email":1}

OrderExample.orders {"_id":1}
OrderExample.orders {"customerId":1}
OrderExample.orders {"orderStatus":1}

OrderExample.lineitems {"_id":1}
OrderExample.lineitems {"orderId":1}
OrderExample.lineitems {"prodId":1}
```

我们来看一下我们可能对这些 schema 执行的一些典型操作，并比较两种方案（链接和嵌入）的性能。

4.2.2 获取客户的所有数据

当所有信息都嵌入单个文档中时，获取客户的所有数据就很简单了。我们可以通过下面这样的查询获取所有数据：

```
db.embeddedOrders.find({ email: 'bbroomedr@amazon.de' })
```

使用电子邮箱索引，此查询可在不到 1ms 的时间内完成。

使用四个集合会很艰难。我们需要使用聚合或自定义代码来实现相同的结果，并且需要确保在 $lookup 连接条件中有索引（参见第 7 章）。以下是聚合函数：

```
db.customers.aggregate(
  [
    {
      $match: { email: 'bbroomedr@amazon.de' }
    },
    {
      $lookup: {
        from: 'orders',
        localField: '_id',
        foreignField: 'customerId',
        as: 'orders'
      }
    },
    {
      $lookup: {
        from: 'lineitems',
        localField: 'orders._id',
        foreignField: 'orderId',
        as: 'lineitems'
      }
    },
    {
      $lookup: {
        from: 'products',
        localField: 'lineitems.prodId',
        foreignField: '_id',
        as: 'products'
      }
    }
  ]
)
```

一点也不奇怪的是，聚合 / 连接方案比嵌入式解决方案花费的时间更长。图 4-2 阐明了它们的相对性能——嵌入式数据模型每秒的读取次数是链接数据模型的 10 倍以上。

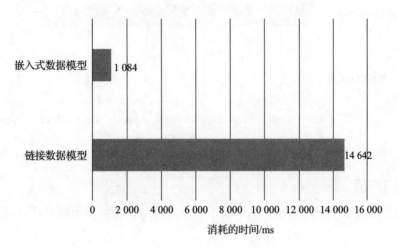

图 4-2　执行 500 次客户查询（包括订单详细信息）所需的时间

4.2.3　获取所有未结订单

在典型的订单处理场景中，我们希望检索所有处于未完成状态的订单。在我们的示例中，这些订单由 orderStatus=0 标识。

在嵌入方案中，我们可以像下面这样查找拥有未结订单的客户：

```
db.embeddedOrders.find({"orders.orderStatus":0})
```

这会给出至少有一个未结订单的所有客户，但如果我们只想检索未结订单，就需要使用聚合框架：

```
db.embeddedOrders.aggregate([
  { $match:{   "orders.orderStatus": 0 }},
  { $unwind:  "$orders" },
  { $match:{   "orders.orderStatus": 0 }},
  { $count: "count" }
]);
```

你可能想知道为什么聚合函数中有重复的 $match 语句。第一个 $match 为我们提供未结订单的客户，而第二个 $match 为我们提供未结订单。我们不需要第一个来获得正确的结果，但它可以提高性能（参见第 7 章）。

在链接数据模型中，获取这些订单要容易得多：

```
db.orders.find({orderStatus:0}).count()
```

不出意料，更简单的链接查询能够获得更好的性能。图 4-3 比较了两种解决方案的性能。

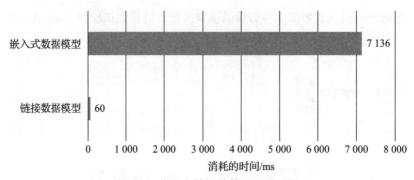

图 4-3 获取未结订单数所需的时间

4.2.4 热门产品

大多数公司都希望确定畅销产品。对于嵌入式模型，我们需要展开产品项并按产品名称聚合：

```
db.embeddedOrders.aggregate([
  { $unwind:  "$orders" },
  { $unwind:  "$orders.lineItems" },
  { $project: { "lineitems": "$orders.lineItems"    }},
  { $group:{  _id:{ "prodId":"$lineitems.prodId" ,
             " productName":"$lineitems.productName" },
             " itemCount-sum":{$sum:"$lineitems.itemCount"}} },
  { $sort:{  "lineitems_itemCount-sum":-1 }},
  { $limit:  10 },
]);
```

在链接模型中，我们也需要使用聚合函数，在产品项和产品之间使用 $lookup 连接来获取产品名称：

```
db.lineitems.aggregate([
  { $group:{ _id:{ "prodId":"$prodId"  },
             "itemCount-sum":{$sum:"$itemCount"} }
  },
  { $sort:{  "itemCount-sum":-1 }},
  { $limit:  10 },
  { $lookup:
    { from:        "products",
      localField:  "_id.prodId",
      foreignField: "_id",
      as:          "product"
    }
  },
  { $project: {
      "ProductName": "$product.productName"  ,
      "itemCount-sum": 1  ,
      "_id": 1
    }
  },
]);
```

尽管必须执行连接操作，但链接数据模型的性能最佳。我们只需要在获得前十名产品后连接（join），而在嵌入式设计中，我们必须扫描集合中的所有数据。图 4-4 比较了两种方案，嵌入式数据模型消耗的时间大约是链接数据模型的两倍。

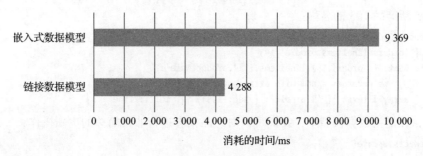

图 4-4　检索前十名产品所需的时间

4.2.5　插入新订单

在此示例工作负载中，我们考虑为现有客户插入新订单。在嵌入式数据模型中，这只需在客户文档中使用 $push 操作即可完成：

```
db.embeddedOrders.updateOne(
        { _id: o.order.customerId },
        { $push: { orders: orderData } }
    );
```

在链接数据模型中，我们必须插入产品项集合和订单集合中：

```
var rc1 = db.orders.insertOne(orderData);
var rc2 = db.lineItems.insertMany(lineItemsArray);
```

你可能认为单个更新操作很容易胜过链接模型所需的多个插入操作。但实际上，更新是一项成本非常高昂的操作，特别是集合中没有足够的空闲空间来容纳新数据时。链接插入操作则会更简单（尽管数量更多），因为它们不需要找到匹配的文档。因此，对于本示例，链接模型的性能优于嵌入式模型。图 4-5 比较了插入 500 个订单的性能。

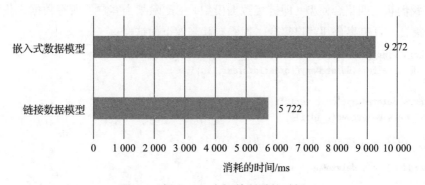

图 4-5　插入 500 个订单所需的时间

4.2.6 更新产品

如果我们想更新产品的名称，该怎么办？在嵌入式数据模型中，产品名称嵌入产品项中。我们使用 arrayFilters 运算符在 MongoDB 的单个操作中更新所有产品的名称。在这里，我们更新产品 193 的名称：

```
db.embeddedOrders.update(
    { 'orders.lineItems.prodId':193 },
    { $set: { 'orders.$[].lineItems.$[i].productName':
        'Potatoes - now with extra sugar' } },
    { arrayFilters: [{ 'i.prodId': { $eq: 193 } }], multi: true });
```

当然，在链接数据模型中，我们可以对产品集合进行非常简单的更新操作：

```
db.products.update(
    { _id: 193 },
    { $set: { productName:  'Potatoes - now with extra sugar' } }
);
```

嵌入式数据模型需要接触比链接数据模型更多的文档。因此，10 个产品名称更新在嵌入式数据模型中花费的时间长了数百倍。图 4-6 比较了它们的性能。

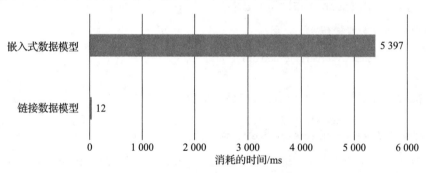

图 4-6　更新 10 个产品名称所需的时间

4.2.7 删除客户

如果我们想在四集合模型（即链接数据模型）中删除某个客户的所有数据，我们需要遍历产品项集合、订单集合和客户集合。代码看起来像下面这样：

```
db.orders.find({customerId:customerId},{_id:1}).forEach((order)=>{
    db.lineitems.deleteMany({orderId:order._id});
});
db.orders.deleteMany({customerId:1});
db.customers.deleteOne({_id:1});
```

当然，在嵌入式数据模型中，事情就简单多了：

```
db.embeddedOrders.deleteOne({_id:1});
```

链接模型示例的性能非常差，图 4-7 比较了删除 50 个客户的性能。

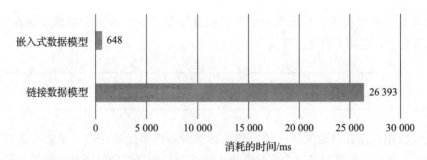

图 4-7　删除 50 个客户所需的时间

4.2.8　案例研究总结

我们已经研究了很多场景，如果你现在感到有点头晕，那也是可以理解的。因此，我们将所有性能数据汇总到一张图中。图 4-8 汇总了六个示例的结果。

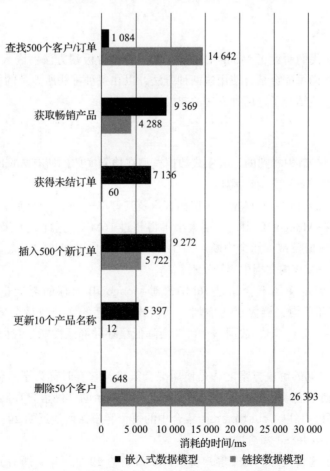

图 4-8　嵌入式数据模型与链接数据模型的性能对比

可以看到，虽然嵌入式数据模型非常擅长获取某个客户的所有数据或删除某个客户，但在其他情况下，它并不会优于链接方案。

🎯 **提示** "什么是最适合我的应用程序的数据模型"的答案永远都是"视情况而定"。

嵌入式数据模型在读取实体的所有相关数据时有许多优势，但它通常不是更新和聚合查询最快的模型。哪种模型最适合你将取决于你的应用程序性能的哪些方面最关键。但请记住，一旦部署了应用程序，就很难更改数据模型，因此，在应用程序设计过程早期花费时间建立正确的数据模型是很有价值的。

另外，请记住，很少有应用程序使用"一边倒"的做法。当我们混合使用链接方法和嵌入方法来最大化应用程序的主要操作时，通常会获得很好的结果。

4.3 高级模式

在 4.2 节中，我们研究了 MongoDB 数据建模的两种极端方法：嵌入方法与链接方法。在现实生活中，我们可能会结合使用这两种方法，以在每种方法所涉及的权衡之间取得最佳平衡。我们来看一些结合了这两种方法的建模模式。

4.3.1 子集化

正如我们在 4.2 节中看到的，嵌入式数据模型在检索实体的所有数据时具有显著的性能优势。但是，我们需要注意两大风险：

❑ 在典型的 master-detail 模型——例如客户及其订单——中，详细文档的数量没有具体限制。但在 MongoDB 中，文档大小不得超过 16MB。因此，如果有大量详细文档，则嵌入式数据模型可能会中断。例如，最大的客户可能订购了太多产品，以至于我们无法在 16MB 的文档中容纳所有订单。

❑ 即使我们确定文档不会超过 16MB，对 MongoDB 内存的影响也可能不是我们期望的。随着平均文档大小的增加，可以放入内存的文档数量会减少。许多大型文档——可能充满"旧"数据——可能会降低缓存并降低性能。我们将在第 11 章详细讨论这一点。

这种冲突最常见的解决方案之一是使用混合策略，它有时称为**子集化**。在子集化模式中，我们在主文档中嵌入有限数量的详细文档，并将剩余的详细信息存储在另一个集合中。例如，我们可能只为客户（customers）集合中的每个客户保留最近的 20 个订单，而将其余订单保存在订单（orders）集合中。

图 4-9 展示了这个概念。每个客户都嵌入了最新的 20 个订单，所有其他订单都在订单（orders）集合中。

　　想象一下，如果我们的应用程序在客户查找页面上显示每个客户的最新订单，那么我们可以看到这个模型的优点。我们不仅避免了超过 16MB 文档大小的限制，而且可以从单个文档满足这个客户查找请求。

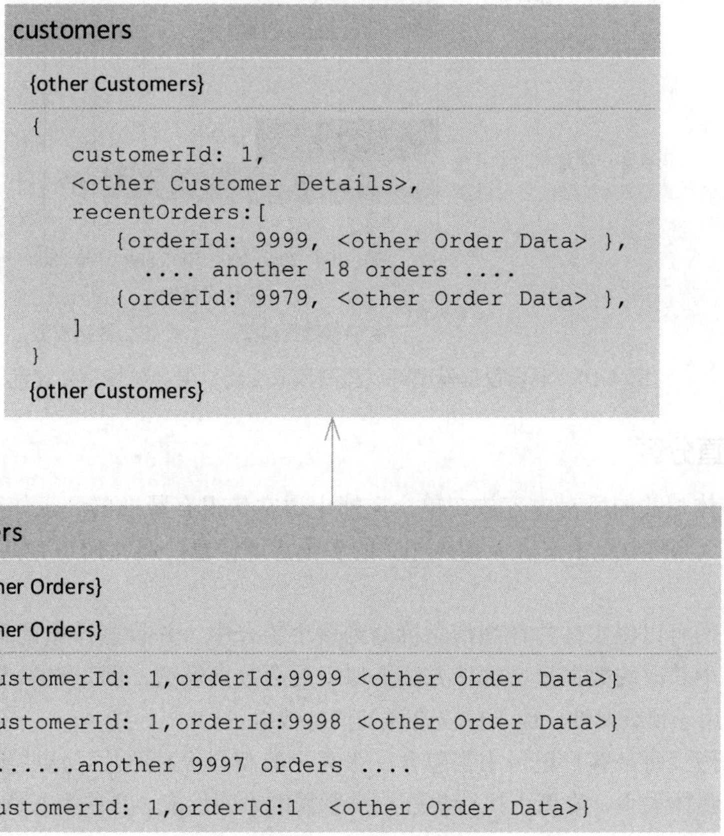

```
customers

{other Customers}

{
    customerId: 1,
    <other Customer Details>,
    recentOrders:[
        {orderId: 9999, <other Order Data> },
         .... another 18 orders ....
        {orderId: 9979, <other Order Data> },
    ]
}

{other Customers}
```

```
orders

{other Orders}

{other Orders}

{customerId: 1,orderId:9999 <other Order Data>}

{customerId: 1,orderId:9998 <other Order Data>}

  ......another 9997 orders ....

{customerId: 1,orderId:1  <other Order Data>}
```

图 4-9　混合"桶"数据模型

　　但是，该解决方案确实需要付出代价。特别是，每次添加或修改订单时，都必须对嵌入的订单数组中的订单进行修改。每次更新都需要对嵌入的订单执行额外的操作。以下代码实现了混合方案中客户数据的更新：

```
let orders=db.hybridCustomers.
            findOne({'_id':customerId}).orders;

orders.unshift(newOrder); // add new order
if (orders.length>20)
  orders.pop();           // Remove the order
db.hybridCustomers.update({'_id':customerId},
      {$set:{orders:orders}});
```

由此产生的开销可能很大。图 4-10 展示了混合数据模型在获取客户信息和最新订单以及使用新订单更新客户信息时的影响。读取性能显著提升，但更新率几乎减半。

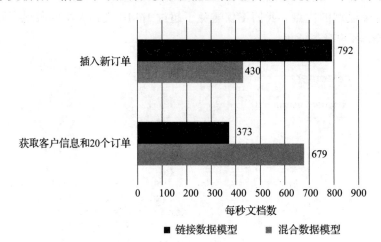

图 4-10 混合数据模型可以提高读取性能，但会减慢更新速度

4.3.2 垂直分区

将与实体相关的所有内容放在单个文档中通常是很有帮助的。正如我们之前看到的，我们可以在 JSON 数组中嵌入与实体相关的多个详细信息，避免像在 SQL 数据库中那样需要连接操作。

有时我们可以将实体的详细信息拆分到多个集合中，并且这样做是有好处的：可以减少每个操作中获取的数据量。这种方法类似于混合数据模型，因为它减少了核心文档的大小，但它适用于顶级属性，而不仅仅是详细信息数组。

例如，假设每条客户记录中都包含一张客户的高分辨率照片。这些不常访问的图像增加了集合的整体大小，降低了执行集合扫描所需的时间性能（参见第 6 章）。它们还减少了可以保存在内存中的文档数量，这可能会增加所需的 IO 数量（参见第 11 章）。

在这种情况下，如果将二进制照片存储在单独的集合中，则可以获得性能优势。图 4-11 说明了这种布局。

4.3.3 属性模式

如果文档包含大量相同数据类型的属性，并且我们知道我们将使用其中许多属性执行查找操作，那么可以使用属性模式减少所需的索引数量。

考虑以下天气数据：

```
{
        "timeStamp" : ISODate("2020-05-30T07:21:08.804Z"),
        "Akron" : 35,
        "Albany" : 22,
        "Albuquerque" : 22,
```

```
    "Allentown" : 31,
    "Alpharetta" : 24,
    <data for another 300 cities>
}
```

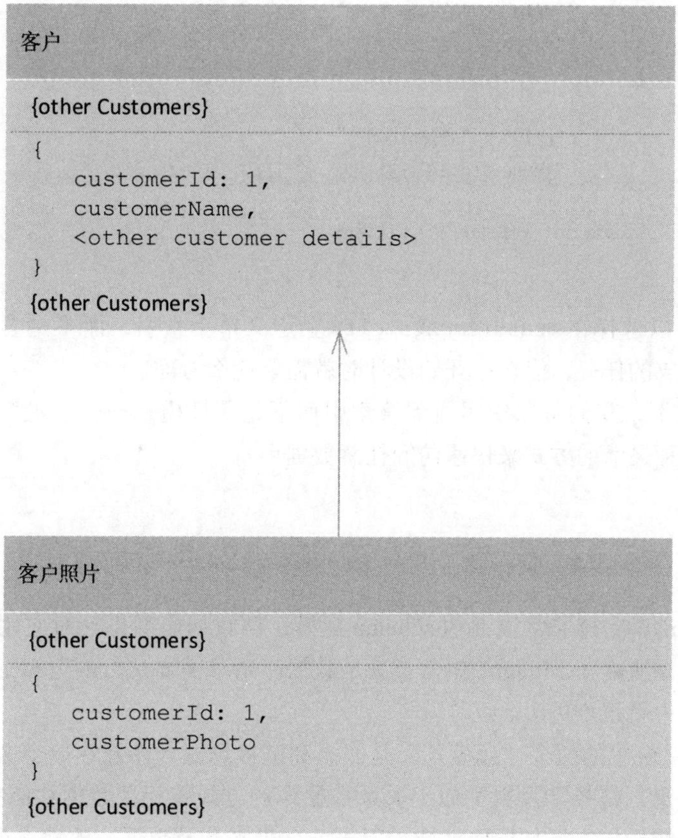

```
客户

{other Customers}

{
    customerId: 1,
    customerName,
    <other customer details>
}

{other Customers}
```

```
客户照片

{other Customers}

{
    customerId: 1,
    customerPhoto
}

{other Customers}
```

图 4-11　垂直分区

如果我们知道我们会支持搜索城市中某个特定值的查询（例如，查找 Akron 100 度以上的所有测量值），那么我们就有问题了。我们不可能创建足够的索引来支持所有查询。更好的组织方式是为每个城市定义键值对。

下面是前面的数据在属性模式中的样子：

```
{
    "timeStamp" : ISODate("2020-05-30T07:21:08.804Z"),
    "measurements" : [
        {
            "city" : "Akron",
            "temperature" : 35
        },
```

```
      {
              "city" : "Albany",
              "temperature" : 22
      },
      {

              "city" : "Albuquerque",
              "temperature" : 22
      },
      {

              "city" : "Allentown",
              "temperature" : 31
      },
       <data for another 300 cities>

}
```

我们现在可以选择在 measurements.city 上定义单个索引，而不是尝试创建数百个索引这种不可能完成的任务，但在一开始设计时就需要这么考虑。

在某些情况下，我们可以使用通配符索引而不是属性模式——参见第 5 章。不过，属性模式提供了一种灵活的方式来快速访问任意数据项。

4.4 小结

尽管 MongoDB 支持非常灵活的 schema 建模，但数据模型设计对应用程序性能仍然至关重要。数据模型决定了 MongoDB 为了满足数据库请求需要执行的逻辑工作量，并且一旦部署到生产环境中就很难更改。

MongoDB 建模中的两个"元模式"是嵌入和链接。嵌入涉及在单个文档中包含有关逻辑实体的所有信息。链接涉及以类似于关系数据库的方式将相关数据存储在单独的集合中。嵌入通过避免连接操作来提高读取性能，但可能会带来涉及数据一致性、更新性能和 16MB 文档限制的挑战。大多数应用程序明智地混合使用嵌入策略和链接策略，以实现"两全其美"的解决方案。

索　引

　　索引是具有自己的存储的数据库对象，可提供集合的快速访问路径。索引的存在主要是为了提高性能，因此在优化 MongoDB 性能时，有效地理解和使用索引至关重要。

5.1　B 树索引

　　B 树（"平衡树"）索引是 MongoDB 的默认索引结构。图 5-1 展示了 B 树索引结构的高级概述图。

　　B 树索引具有层次树结构。树的顶部是头部块。该块包含指向任何给定键值范围的适当分支块的指针。分支块通常会指向更具体范围的适当叶子块，或者对于更大的索引，指向另一个分支块。叶子块包含键值列表和指向磁盘上文档位置的指针。

　　检查图 5-1，我们想象一下 MongoDB 将如何遍历该索引。如果我们需要访问"BAKER"的记录，我们将首先查阅头部块。头部块会告诉我们以 A 到 K 开头的键值存储在最左边的分支块中。访问这个分支块，我们发现以 A 到 D 开头的键值存储在最左边的叶子块中。查阅这个叶子块，我们找到值"BAKER"及其关联的磁盘位置，然后我们将使用它来获取相关文档。

　　叶子块包含指向前一个叶子块和下一个叶子块的链接。这允许我们以升序或降序扫描索引，并允许使用索引处理使用 \$gt 或 \$lt 运算符的范围查询。

　　B 树索引与其他索引策略相比具有以下优点：

❑ 因为每个叶子节点都在相同的深度，所以性能是可预测的。理论上，集合中的任何文档查询都不会超过三四次 IO。

❑ B 树为大型集合提供了出色的性能，因为深度最多为四（一个头部块、两级分支块和一级叶子块）。通常，没有任何文档需要超过 4 个 IO 才能定位。事实上，由于头部块几乎总是在内存中，而分支块通常也在内存中，实际的物理磁盘读取次数大多只有一两次。

❑ B 树索引支持范围查询以及精确查找。这是可能的，因为存在链接到前一个和下一个叶子块的"链接"。

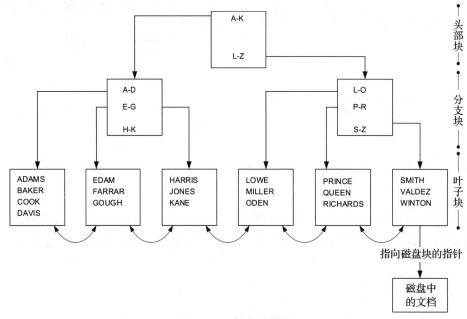

图 5-1　B 树索引结构

B 树索引可提供灵活高效的查询性能。但是，在更改数据时维护 B 树成本可能会很高昂。例如，考虑将一个键值为"NIVEN"的文档插入图 5-1 所示的集合中。要插入文档，我们必须在"L-O"块中添加一个新条目。如果该块内有空闲空间，会有一定的成本，但可能也不会特别多。但是如果块中没有可用空间，会发生什么？

如果叶子块中没有供新条目使用的空闲空间，则需要进行索引拆分。分配一个新块，将现有块中的一半条目移动到新块中。此外，还需要在分支块中添加一个指向新创建的叶子块的新条目。如果分支块中没有空闲空间，那么分支块也必须被拆分。

这些索引拆分是一项昂贵的操作：分配新块，并将索引条目从一个块移动到另一个块。因此，索引显著减慢了插入、更新和删除操作。

 注意　索引可以加快数据检索，但会给插入、更新和删除操作带来负担。

5.1.1　索引选择性

索引的**选择性**是衡量有多少文档与特定索引键值相关联的指标。如果属性或索引具有大量唯一值和少量重复值，则它们具有选择性。例如，dateOfBirth 属性是有选择性的（大量可选值与相对较少的重复值），而 gender 属性不是选择性的（少量可选值与大量重复值）。

选择性索引比非选择性索引更有效，因为它们更直接地指向特定值。因此，MongoDB 将尝试使用最具选择性的索引。

5.1.2　唯一索引

唯一索引是一种防止组成索引的属性出现重复值的索引。如果尝试在包含此类重复值的集合上创建唯一索引，将收到错误消息。同样，如果尝试向包含唯一索引的文档中插入重复键值，也会收到错误消息。

通常，创建唯一索引是为了防止重复值而不是提高性能。但是，唯一索引通常非常有效——它们只指向一个文档，因此非常有选择性。

所有 MongoDB 集合都有一个内置的隐式唯一索引（在 _id 属性上）。

5.1.3　索引扫描

除了能够找到特定值之外，索引还可以优化部分字符串匹配和数据范围。这些索引扫描是可能的，因为 B 树索引结构包含指向前一个叶子块和下一个叶子块的链接。这些链接允许我们以升序或降序扫描索引。

例如，考虑以下检索两个日期之间出生的所有客户的查询：

```
db.customers. find({
  $and: [
    { dateOfBirth: { $gt: ISODate('1980-01-01T00:00:00Z') } },
    { dateOfBirth: { $lt: ISODate('1990-01-01T00:00:00Z') } }
  ]
});
```

如果 dateOfBirth 上有索引，我们可以使用该索引来查找相关客户。MongoDB 将导航到较早日期的索引条目，然后扫描索引，直到找到 dateOfBirth 晚于较晚日期的索引条目。叶子块之间的链接允许这种扫描有效地进行。

如果我们检查该查询的 explain() 输出中的 IXSCAN 步骤，我们可以看到一个 indexBounds 条目，它显示了如何使用索引在两个值之间进行扫描：

```
"inputStage" : {
    "keyPattern" : {
    "dateOfBirth" : 1},
    "indexName" : "dateOfBirth_1",
    . . .
    "direction" : "forward",
    "indexBounds" : {
        "dateOfBirth" : [
            "(new Date(315532800000),
```

```
                        new Date(631152000000))"
                    ]
            }
        }
```

当我们对字符串条件进行部分匹配时，也会执行索引扫描。例如，在以下查询中，扫描 LastName 上的索引以查找名称大于或等于 HARRIS 且小于或等于 HARRIT 的所有条目。实际上，这只匹配名称 HARRIS 和 HARRISON，但从 MongoDB 的角度来看，这与在高值和低值之间进行扫描相同。

```
mongo> var explainObj=db.customers.explain('executionStats')
              .find({LastName:{$regex:/^HARRIS(.*)/}});

mongo> mongoTuning.executionStats(explainObj);

1   IXSCAN ( LastName_1 ms:0 keys:1366)
2   FETCH ( ms:0 docs:1365)

Totals:  ms: 4  keys: 1366  Docs: 1365
```

索引扫描并不总是一件好事。如果范围很广，那么索引扫描可能比不使用索引更糟糕。在图 5-2 中，如果值的范围很广，那么最好进行集合扫描，而不是索引查找。但是，如果范围很窄，则索引可提供更好的性能。我们将在第 6 章详细讨论如何优化索引范围扫描。

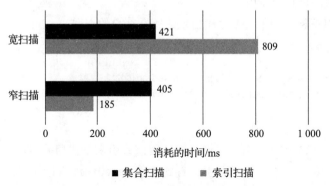

图 5-2　索引扫描性能和扫描广度

5.1.4　不区分大小写的搜索

在不确定大小写的情况下搜索文本字符串的情况很常见。例如，如果我们不知道姓氏输入为 "SMITH" 还是 "Smith"，我们可能会像这样进行不区分大小写的搜索（正则表达式后面的 "i" 指定不区分大小写的匹配）：

```
mongo> var e=db.customers.explain('executionStats')
               .find({LastName:/^SMITH$/i},{}) ;
mongo> mongoTuning.quickExplain(e);
1   IXSCAN LastName_1
2   FETCH
```

你可能会惊喜地发现使用索引可以解析查询，所以也许 MongoDB 索引可以用于不区分大小写的搜索？可惜不对。如果获取了 executionStats，则会看到虽然使用了索引，但它扫描了所有的 410 000 个键。是的，索引用于查找匹配的名称，但必须扫描整个索引。

```
mongo> var e=db.customers.explain('executionStats')
              .find({LastName:/^SMITH$/i},{}) ;
mongo> mongoTuning.executionStats(e);

1   IXSCAN ( LastName_1 ms:8 keys:410071)
2   FETCH ( ms:8 docs:711)

Totals:  ms: 293  keys: 410071  Docs: 711
```

如果想进行不区分大小写的搜索，那么可以使用一个技巧。首先，使用不区分大小写的排序规则创建索引。这是通过指定强度为 1 或 2 的校对序列来完成的（级别 1 忽略大小写和变音符号，即特殊字符）：

```
db.customers.createIndex(
  { LastName: 1 },
  { collation: { locale: 'en', strength: 2 } }
);
```

现在，如果你还在查询中指定了相同的校对规则，则无论大小写如何，查询都将返回结果。例如，对"SMITH"的查询现在也返回"Smith"：

```
mongo> db.customers.
...    find({ LastName: 'SMITH' }, { LastName: 1,_id:0 }).
...    collation({ locale: 'en', strength: 2 }).
...    limit(1);
{
  "LastName": "Smith"
}
```

如果查看 executionStats，我们会看到索引现在正确地检索了符合条件的文档（在本例中，有 700 多个"Smith"和"SMITH"）：

```
 mongo> var e = db.customers.
...    explain('executionStats').
...    find({ LastName: 'SMITH' }).
...    collation({ locale: 'en', strength: 2 });
mongo> mongoTuning.executionStats(e);

1   IXSCAN ( LastName_1 ms:0 keys:711)
2   FETCH ( ms:0 docs:711)

Totals:  ms: 2  keys: 711  Docs: 711
```

5.2　复合索引

复合索引是包含多个属性的索引。复合索引最显著的优点是它通常比单键索引更具选择性。与由单一属性组成的索引相比，多个属性的索引将指向更少的文档。包含 find() 或 $match 子句中所有属性的复合索引特别有效。

如果经常查询集合中的多个属性，那么为这些属性创建复合索引是一个好主意。例如，我们可以通过 LastName 和 FirstName 查询 Customers 集合。在这种情况下，我们可能希望创建一个包含 LastName 和 FirstName 的复合索引。

使用这样的索引，我们可以快速找到与给定 FirstName 和 LastName 组合匹配的所有客户。这样的索引将比单独的 LastName 索引或 LastName 和 FirstName 的单独索引更有效。

如果复合索引只能在其所有键都出现在 find() 或 $match 中时使用，那么复合索引的用途可能非常有限。幸运的是，如果查询中请求了任何初始或前置属性，则可以有效地使用复合索引。前置属性是在索引定义中最先指定的属性。

5.2.1 复合索引性能

一般来说，当向索引添加更多属性时，索引性能有所提高——前提是这些属性包含在查询过滤条件中。例如，考虑以下查询：

```
db.people.find(
    {
        "LastName" : "HENNING",
        "FirstName" : "ALBERTO",
        dateOfBirth: ISODate("1953-12-23T00:00:00Z")
    },
    { _id: 0, Phone: 1 }
);
```

我们通过提供 FirstName、LastName 和 dateOfBirth 检索客户电话号码。

图 5-3 展示了当向索引添加属性时文档访问次数的减少情况。如果没有索引，则必须扫描所有的 411 121 个文档，仅对 LastName 进行索引就可以将其减少到 691 个——实际上是集合中的所有"HENNING"。添加 FirstName 使文档数量减少到 15 个。通过添加 dateOfBirth，我们减少了两次访问：一次读取索引条目，然后从那里读取集合中的文档以获取电话号码。最后，将电话号码（tel）属性添加到索引中。现在，我们根本不需要访问集合——我们需要的一切都在索引中。

5.2.2 复合索引键顺序

复合索引的一大优点是它们可以支持索引中不包含所有键的查询。可以使用复合索引的前提是查询中包含一些前置属性。

例如，指定为 {LastName:1,FirstName:1,dateOfBirth:1} 的索引可用于优化对 LastName 或 LastName 和 FirstName 的查询。但是，仅针对 FirstName 或 dateOfBirth 优化查询时，它不会有效。为了使索引有用，至少第一个键或前置键必须出现在查询中。

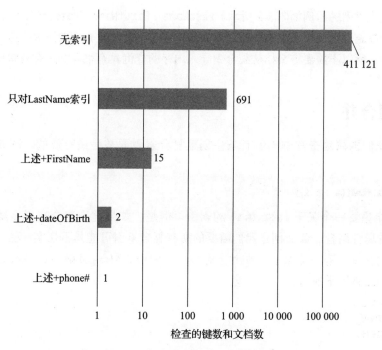

图 5-3　复合索引性能（对数刻度）

提示　复合索引可用于加速在索引表达式中包含所有或者任何前置（第一个）键的查询。但是，它们无法优化索引表达式中不包含至少第一个键的查询。

5.2.3　复合索引指南

以下指南将有助于决定何时使用复合索引以及如何确定要包含的属性和顺序：

❑ 为在 find() 或 $match 条件中一起出现的集合中的属性创建复合索引。

❑ 如果属性有时单独出现在 find() 或 $match 条件中，请将它们放在索引的开头。

❑ 如果复合索引还支持未指定所有属性的查询，则它会更有用。例如，createIndex({ "LastName":1,"FirstName":1}) 比 createIndex({"FirstName":1,"LastName":1}) 更有用，因为仅针对 LastName 的查询比仅针对 FirstName 的查询更有可能发生。

❑ 属性越有选择性，它放置在索引的前端就越有用。但是，请注意，WiredTiger 索引压缩可以从根本上缩小索引。当前置列的选择性较低时，索引压缩最有效。这可能意味着这样的索引更小，因此可能更适合内存。我们将在第 11 章进一步讨论这个问题。

5.2.4　覆盖索引

覆盖索引是一种可用于完全解析查询的索引。同样，可以完全由索引解析的查询称为

覆盖查询。覆盖索引的示例如图 5-3 所示。LastName、FirstName、dateOfBirth 和 Phone 的索引可用于解析查询，而无须从集合中检索数据。覆盖索引是优化查询的强大机制。因为索引通常远小于集合，所以不需要将文档从集合中导入内存的查询具有很高的内存效率和 IO 效率。

5.3 索引合并

之前，我们强调对查询中的所有条件创建复合索引通常是最有效的。例如，在如下查询中：

```
db.iotData.find({a:1,b:1})
```

我们可能想要一个关于 {a:1,b:1} 的索引。但是，如果这个集合有很多属性并且查询有很多可能的属性组合，那么创建我们需要的所有复合索引可能是不切实际的[⊖]。

如果我们在 a 上有一个索引，在 b 上有另一个索引，MongoDB 可以执行这两个索引的交集。生成的计划如下所示：

```
1    IXSCAN a_1
2    IXSCAN b_1
3    AND_SORTED
4    FETCH
```

AND_SORTED 步骤表示已执行索引交集。$and 条件的索引交集是不寻常的。但是，MongoDB 会经常为 $or 条件执行索引合并。例如，在以下查询中：

```
db.iotData.find({$or:[{a:100},{b:100}]});
```

MongoDB 默认合并两个索引：

```
1    IXSCAN a_1
2    IXSCAN b_1
3    OR
4    FETCH
5    SUBPLAN
```

OR 和 SUBPLAN 步骤表示索引合并。

📖**注意** 对于 $and 条件，复合索引优于索引合并。但是，对于 $or 条件，索引合并通常是最好的解决方案。

5.4 局部索引和稀疏索引

正如我们将在第 11 章中看到的，当所有数据都保存在内存中时，通常可以实现最佳

⊖ 这可能是第 4 章讨论的属性 schema 模块的工作。

MongoDB 性能。但是，对于非常大的集合，MongoDB 可能很难将所有索引都保存在内存中。在某些情况下，我们只想使用索引来扫描最近（或活跃）的信息。在这些情况下，我们可能希望创建局部索引或稀疏索引。

5.4.1　局部索引

局部索引是仅为信息子集维护的索引。例如，假设我们有一个推文数据库，并且正在从我们的账户中寻找转发次数最多的推文：

```
db.tweets.
    find({ 'user.name': 'Mean Magazine Bot' }, { text: 1 }).
    sort({ retweet_count: -1 }).
    limit(1);
```

在 user.name 和 retweet_count 上创建索引即可解决问题，但它会是一个相当大的索引。由于大多数推文都没有被转发，因此我们可以只在那些被转发的推文上创建一个局部索引：

```
db.tweets.createIndex(
    { 'user.name': 1, retweet_count: 1 },
    { partialFilterExpression: { retweet_count: { $gt: 0 } } }
);
```

当我们查找从未被转发的推文时，该索引将无济于事，但如果这不是我们想要做的，那么局部索引将比完整索引更小且内存效率更高。

请注意，为了利用这个索引，我们需要在查询中指定一个过滤条件，以确保 MongoDB 知道我们需要的所有数据都在索引中。在当前的示例中，我们可以在 retweet_count 上添加一个条件：

```
db.tweets.find(
    { 'user.name': 'Mean Magazine Bot',
      retweet_count: { $gt: 0 } },
    { text: 1 }
).
sort({ retweet_count: -1 }).
limit(1);
```

5.4.2　稀疏索引

稀疏索引类似于局部索引，因为它们不会索引集合中的所有文档。具体来说，稀疏索引不包括那些不包含索引属性的文档。

大多数时候，稀疏索引与普通索引一样好，并且可能要小得多。但是，稀疏索引不支持对索引属性进行 $exists:false 搜索：

```
mongo>    var exp=db.customers.explain()
              .find({updateFlag:{$exists:false}});
```

```
mongo>   mongoTuning.quickExplain(exp);
1  COLLSCAN
```

但是，稀疏索引可以搜索 $exists:true：

```
mongo> var exp=db.customers.explain()
                  .find({updateFlag:{$exists:true}});
mongo> mongoTuning.quickExplain(exp);
1   IXSCAN updateFlag_1
2  FETCH
```

5.5 使用索引进行排序和连接

索引可用于按排列顺序返回数据，也可用于多个集合之间的连接。

5.5.1 排序

MongoDB 可以使用索引按排序顺序返回数据。因为每个叶子节点都包含指向后续叶子节点的链接，所以 MongoDB 可以按排序顺序扫描索引条目，从而返回数据，无须显式地对数据进行排序。我们将在第 6 章讨论使用索引来支持排序的功能。

5.5.2 连接

MongoDB 可以使用聚合框架中的 $lookup 和 $graphLookup 运算符连接多个集合中的数据。对于任何非平凡大小的连接，索引查找应支持这些连接，以避免随着连接大小的增加而导致查询性能呈指数级衰减。第 7 章将详细介绍该主题。

5.6 索引开销

尽管索引可以显著提高查询性能，但它们确实会降低插入、更新和删除操作的性能。插入或删除文档时，通常会修改集合的所有索引，并且当更新操作更改索引中出现的属性时，也必须修改索引。插入、更新和删除操作期间的索引维护通常代表 MongoDB 在这些操作期间必须完成的大部分工作。

因此，所有索引都有助于提高查询性能，这一点很重要，因为这些索引将不必要地降低插入、更新和删除操作的性能。特别是，在为频繁更新的属性创建索引时应该特别小心。一个文档只能插入或删除一次，但可以多次更新。因此，在大量更新的属性或具有非常高的插入 / 删除率的集合上的索引将导致特别高的成本。

第 8 章将详细讨论索引开销以及识别可能没有发挥作用的索引的方法。

通配符索引

通配符索引是一种开销特别大的索引类型。通配符索引是在子文档中的每个属性上创建的索引。例如，假设我们有一些看起来像下面这样的数据：

```
{
 "_id" : 1,
 "data" : {
  "a" : 1728,
  "b" : 6740,
  "c" : 6481,
  "d" : 2066,
  "e" : 3173,
  "f" : 1796,
  "g" : 8112
 }
}
```

可以针对 data 子文档中的任何一个属性发出查询。此外，应用程序可能会添加我们无法预料的新属性。为了优化性能，我们需要为每个属性创建单独的索引：

```
db.mycollection.createIndex({"data.a":1});
db.mycollection.createIndex({"data.b":1});
db.mycollection.createIndex({"data.c":1});
db.mycollection.createIndex({"data.d":1});
db.mycollection.createIndex({"data.e":1});
db.mycollection.createIndex({"data.f":1});
db.mycollection.createIndex({"data.g":1});
```

索引太多了！但除非我确定该属性是什么，否则即使这样也行不通。如果创建属性 h 会发生什么？在这种情况下，通配符索引可以发挥作用⊖。顾名思义，我们可以通过在属性表达式中指定通配符占位符来创建通配符索引，例如：

```
db.mycollection.createIndex({"data.$**":1});
```

此语句为 data 文档中的每个属性创建一个索引：即使在创建索引后应用程序创建了新属性。

那太棒了！但显然，这是有代价的。我们来看通配符索引在插入、查找、更新和删除语句中的表现，跟下面这些情况对比一下：

❏ 根本没有索引。

❏ 单一属性的单一索引。

❏ 所有属性的单独索引。

对于查找操作，我们看到通配符索引的性能与单属性索引一样好——无论创建多少索引，索引都可以快速访问相关数据。图 5-4 给出了对比结果。

尽管通配符索引与常规索引具有相似的外形（profile），但当我们查看更新、删除和插入操作时，它们具有非常不同的开销。

⊖　这也是第 4 章介绍的属性模式涉及的情况。

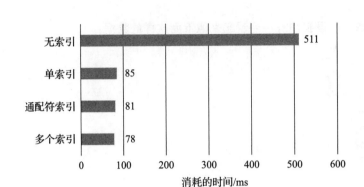

图 5-4　通配符索引与查找操作的其他索引方法

图 5-5 显示了几种索引下执行更新、插入和删除操作所花费的时间。

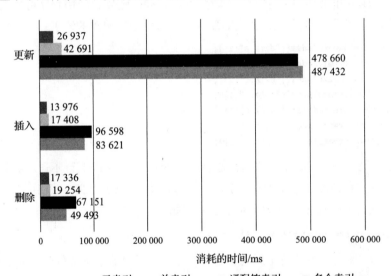

■ 无索引　■ 单索引　■ 通配符索引　■ 多个索引

图 5-5　通配符索引与传统索引的开销

正如我们所料，多个索引的开销比单个索引高得多，通配符索引所带来的开销至少与在每个属性上创建单独的索引时一样大。

⚠警告　不要因为懒而创建通配符索引。通配符索引的开销很高，只有在没有替代策略可用时才考虑使用它们。

如果某些属性从未被搜索过，那么通配符索引将增加不值得的开销。如前所述，只创建必要的索引：所有索引都会影响性能，通配符索引更是如此。

通配符索引是索引工具箱中一种有用的工具。但是不要将它们用作编程的快捷方式：它们会在插入、更新和删除操作性能方面带来大量开销，并且仅应在索引的属性不可预测时使用。

5.7　文本索引

文本索引已成为现代应用程序的标准功能，它让用户能够执行自由的项目搜索，例如电影列表、购物项目或出租物业。用户不想填写复杂的表格来指定要搜索的属性，当然也不想学习 MongoDB find() 语法。

要构建此类应用程序，可能需要获取一些搜索词，然后在数千个文档中搜索大型文本字段以找到最佳匹配。这就是文本索引发挥作用的地方。

在调整或创建文本索引时，了解 MongoDB 如何解释该索引以及该索引将如何影响查询非常重要。MongoDB 使用一种称为**后缀词干**的方法来构建搜索索引。

后缀词干是在每个单词的开头找到一个共同的元素（前缀），它形成了搜索树的根。每个不同的后缀都“发源于”它自己的根节点，该节点可能会进一步延伸。这个过程创建了一棵树，可以从根节点（最常见的共享元素）向下搜索到叶子节点，从根节点到叶子节点的路径形成一个完整的单词。

例如，假设我们在文档中的某处有“finder”“finding”和“findable”这些词。使用后缀词干，我们可以在这些词中找到一个共同的词根“find”，然后源自该词的后缀将是“er”“ing”和“able”。

MongoDB 也使用这个方法。当在给定字段上创建文本索引时，MongoDB 将解析该字段中包含的文本，并为给定文档中生成的每个唯一词干创建一个索引条目。重复地对每个索引字段和每个文档执行相似的操作，直到该集合中的所有指定字段都具有完整的文本索引。

理解理论固然很好，但有时理解文本索引如何工作的最佳方式是开始与它们交互，所以我们来创建一个新的文本索引。该命令非常简单，使用与创建其他类型索引相同的语法。只需指定要为其创建索引的字段，将索引的类型指定为 "text"：

```
> db.listingsAndReviews.createIndex({description: "text"})
{
        "createdCollectionAutomatically" : false,
        "numIndexesBefore" : 4,
        "numIndexesAfter" : 5,
        "ok" : 1
}
```

文本索引的创建就这么简单！与其他索引一样，我们可以在多个属性上创建文本索引：

```
> db.listingsAndReviews.createIndex({summary: "text", space: "text"})
{
        "createdCollectionAutomatically" : false,
        "numIndexesBefore" : 4,
        "numIndexesAfter" : 5,
```

```
        "ok" : 1
    }
```

尽管可以在多个索引上创建文本索引，但在集合上只能有一个文本索引。因此，如果一个接一个地运行上面的两个命令，就会收到错误消息。

注意 每个集合只能有一个文本索引。因此，要创建新的文本索引或包含文本索引的复合索引，必须首先使用 db.collection.**dropIndex**("index_name") 删除旧索引。

我们还可以创建复合索引，包括文本索引和传统索引的混合：

```
> db.listingsAndReviews.createIndex({summary: "text", beds: 1})
{
        "createdCollectionAutomatically" : false,
        "numIndexesBefore" : 4,
        "numIndexesAfter" : 5,
        "ok" : 1
}
```

创建文本索引时的另一个重要特性是指定每个字段的权重。字段的权重表示该字段相对于其他索引字段的重要性。在 $text 查询时，MongoDB 确定返回哪些结果时会使用权重。创建文本索引时，可以将权重指定为一个选项。

```
> db.listingsAndReviews.createIndex({summary: "text", description: "text"},
{weights: {summary: 3, description: 2}})
{
        "createdCollectionAutomatically" : false,
        "numIndexesBefore" : 4,
        "numIndexesAfter" : 5,
        "ok" : 1
}
```

现在集合上有一个文本索引，我们可以使用 $text 操作访问它。$text 接受 $search 运算符，接受单词列表（通常由空格分隔）作为输入：

```
> db.listingsAndReviews.findOne({$text: {$search: "oven kettle and
microwave"}}, {summary: 1})
{
        "_id" : "6785160",
        "summary" : "Large home with that includes a bedroom with TV ,
hanging and shelf space for clothing, comfortable double bed and air
conditioning. Additional private sitting room includes sofa, kettle, bar
fridge and toaster. Exclusive use of large bathroom with shower, bath,
double sinks and toilet. LGBTQI friendly"
}
```

当使用文本索引来突出在文本搜索期间生成的给定文档的分数时，权重通常很有用。你

可以使用 $meta 的 textScore 字段获得分数，当然也可以用该字段进行排序，以确保首先获得最相关的搜索结果。

```
mongo> db.listingsAndReviews.
...   find(
...      { $text: { $search: 'oven kettle and microwave' } },
...      { score: { $meta: 'textScore' }, summary: 1 }
...   ).
...   sort({ score: { $meta: 'textScore' } }).
...   limit(3);
{
  "_id": "25701117",
  "summary": "Totally refurbished penthouse apartment ...",
  "score": 3.5587606837606836
}
{
  "_id": "13324467",
  "summary": "Everything, absolutely EVERYTHING NEW and ... ",
  "score": 3.5549853372434015
}
```

搜索文本索引时可以使用的另外两种重要方法是排除法和完全匹配法。排除法使用"−"符号标记，完全匹配法使用双引号标记，例如：

```
> db.listingsAndReviews.find(
      {$text: {$search:
           "\"luggage storage\" kettle and -microwave"}})
```

该查询将在索引中搜索与短语"luggage storage"完全匹配并且不包括短语"microwave"的文档。以这种方式使用文本索引可能非常强大，尤其是在大型文本密集型数据集上。但是，要记住文本索引的一些限制：

❑ 为文本索引指定稀疏（sparse）无效。文本索引总是稀疏的。

❑ 如果复合索引包含文本索引，则它不能包含多键或地理空间字段。你必须为这些特殊索引类型创建单独的索引。

❑ 如前面创建文本索引的示例中所述，每个集合只能创建一个文本索引。创建额外的文本索引将引发错误。

文本索引性能

使用传统索引，我们可以使用集合扫描而不是索引来解析查询。但是，如果没有文本索引，就根本无法执行全文搜索。因此，对于全文搜索，除了使用文本索引，我们没有太多选择。

我们应该牢记全文搜索的一些性能特征。首先，应该知道 MongoDB 将对搜索条件中的每个词执行索引扫描。例如，这里我们搜索 6 个唯一的词，然后执行 6 次文本索引扫描：

```
mongo> var exp = db.bigEnron.
...     explain('executionStats').
...     find( { $text: { $search:
        'Confirmation Rooms Credit card tax email ' } },
...     { score: { $meta: 'textScore' }, body: 1 } ).
...     sort({ score: { $meta: 'textScore' } }).
...     limit(3);

mongo> mongoTuning.executionStats(exp);

1       IXSCAN ( body_text ms:229 keys:53068)
2       IXSCAN ( body_text ms:764 keys:217480)
3       IXSCAN ( body_text ms:748 keys:229382)
4       IXSCAN ( body_text ms:1376 keys:398325)
5       IXSCAN ( body_text ms:362 keys:108996)
6       IXSCAN ( body_text ms:181 keys:93970)
7        TEXT_OR ( ms:494636 docs:843437)
8        TEXT_MATCH ( ms:494709)
9        TEXT ( body_text ms:494746)
10       SORT_KEY_GENERATOR ( ms:494795)
11       SORT ( ms:495015)
12       PROJECTION_DEFAULT ( ms:495072)
```

如图 5-6 所示，我们拥有的搜索词越多，文本搜索所需的时间就越长。

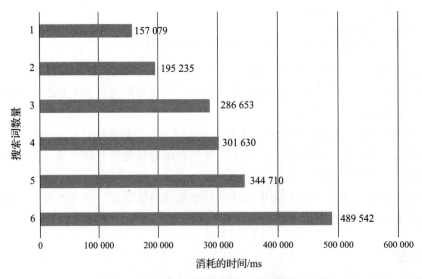

图 5-6　文本索引性能与搜索词数量的关系

🕹 **注意**　MongoDB 文本索引性能与搜索词数量成正比。如有必要，限制搜索词的数量以保持响应时间可控。

即使搜索确定的短语，仍然会对短语中的每个单词执行一次扫描，因为索引本身不知道单词是如何按顺序使用的。如果要搜索长而精确的文本短语，则最好执行正则表达式查询和完整的集合扫描。例如，以下查询查找文本"are you going to be at the game tonight"：

```
mongo> var exp = db.bigEnron.
...     explain('executionStats').
        find( { $text: {
            $search: '"are you going to be at the game tonight"' } });
mongo>    mongoTuning.executionStats(exp);

1     IXSCAN ( body_text ms:354 keys:62838)
2     IXSCAN ( body_text ms:2136 keys:515760)
3     IXSCAN ( body_text ms:146 keys:39721)
4    OR ( ms:2767)
5    FETCH ( ms:379793 docs:563201)
6   TEXT_MATCH ( ms:383409)
7   TEXT ( body_text ms:383517)

Totals:  ms: 414690  keys: 618319  Docs: 563201
```

MongoDB 执行三个索引扫描（只有单词"game""going"和"tonight"被认为值得扫描）。完整的集合扫描在不到一半的消耗时间内完成：

```
mongo> var exp = db.bigEnron.
...     explain('executionStats').
        find({body:/are you going to be at the game tonight/});
mongo>    mongoTuning.executionStats(exp);

1   COLLSCAN ( ms:102289 docs:2897816)

Totals:  ms: 145925  keys: 0  Docs: 2897816
```

 提示　如果你正在搜索一个确切的短语，最好进行基于集合扫描的常规查询，MongoDB 文本索引不是针对高效的多词短语搜索而设计的。

以下是文本索引的一些其他重要的与性能相关的注意事项：

❑ 由于前面描述的词干提取方法，文本索引可能非常大并且可能需要很长时间才能创建。

❑ MongoDB 建议系统上应有足够的内存来将文本索引保存在其中，否则在搜索过程中可能会涉及大量的 IO。

在查询中使用排序操作时，你将无法利用文本索引来确定顺序，即使在复合文本索引中也是如此。在对文本查询结果进行排序时，请记住这一点。

文本索引非常强大，可以服务于各种现代应用程序，但在依赖它们时要小心，否则你可能会发现 $text 查询成了令人讨厌的性能瓶颈。

MongoDB Atlas 提供了使用流行的 Lucene 平台进行文本搜索的能力。与 MongoDB 的内部文本搜索功能相比，此功能具有许多优势。

5.8 地理空间索引

如今的位置感知应用程序通常需要跨地图数据执行搜索。这些搜索可能包括搜索某个地区的出租物业、查找附近的场地，甚至按拍摄的位置对照片进行分类。许多设备在我们所到之处都被动地捕获大量位置数据。这通常被称为地理空间数据，即关于地球上位置的数据。

MongoDB 提供了两种方法来查询这些数据并提供特定的索引类型来优化查询：

以下是一些地理空间数据的示例：

```
{
    "_id" : ObjectId("578f6fa2df35c7fbdbaed8c4"),
    "recrd" : "",
    "vesslterms" : "",
    "feature_type" : "Wrecks - Visible",
    "chart" : "US,U1,graph,DNC H1409860",
    "latdec" : 9.3547792,
    "londec" : -79.9081268,
    "gp_quality" : "",
    "depth" : "",
    "sounding_type" : "",
    "history" : "",
    "quasou" : "",
    "watlev" : "always dry",
    "coordinates" : [
            -79.9081268,
            9.3547792
    ]
}
```

数据本身可以非常简单，尽管你可能会连同坐标一起存储大量元数据。前面的数据采用传统格式，数据表示为一个简单的坐标对。MongoDB 还支持 GeoJSON 格式。

```
{
    "_id" : ObjectId("578f6fa2df35c7fbdbaed8c4"),
    "recrd" : "",
    "vesslterms" : "",
    "feature_type" : "Wrecks - Visible",
    "chart" : "US,U1,graph,DNC H1409860",
    "latdec" : 9.3547792,
    "londec" : -79.9081268,
    "gp_quality" : "",
    "depth" : "",
    "sounding_type" : "",
    "history" : "",
```

```
        "quasou" : "",
        "watlev" : "always dry",
        "location" : {
                "type" : "Point",
                "coordinates" : [
                        -79.9081268,
                        9.3547792
                ]
        }
}
```

GeoJSON 格式指定数据类型以及值本身，可以是单个点，也可以是多个坐标对的数组。GeoJSON 允许你定义更复杂的空间信息，例如线和多边形，但出于本章的目的，我们将重点关注传统格式的简单点数据。

以下是一个地理空间查询，可以使用 $near 运算符在目标点的特定半径内查找文档：

```
> db.shipwrecks.find(
...   {
...     coordinates:
...       { $near :
...         {
...           $geometry: { type: "Point",
...                     coordinates: [ -79.908, 9.354 ] },
...           $minDistance: 1000,
...           $maxDistance: 10000
...         }
...       }
...   }
... ).limit(1).pretty();
{
        "_id" : ObjectId("578f6fa2df35c7fbdbaed8c8"),
        "recrd" : "",
        "vesslterms" : "",
        "feature_type" : "Wrecks - Submerged, dangerous",
        "chart" : "US,U1,graph,DNC H1409860",
        "latdec" : 9.3418808,
        "londec" : -79.9103851,
        "gp_quality" : "",
        "depth" : "",
        "sounding_type" : "",
        "history" : "",
        "quasou" : "depth unknown",
        "watlev" : "always under water/submerged",
        "coordinates" : [
                -79.9103851,
                9.3418808
        ]
}
```

在前面的示例中，已存在与此查询匹配的地理空间索引。对于 $near 运算符，运行查询需要地理空间索引。如果尝试在没有索引的情况下运行此查询，MongoDB 将返回错误：

```
Error: error: {
        "ok" : 0,
        "errmsg" : "error processing query: ns=sample_geospatial.shipwrecks
limit=1Tree: GEONEAR  field=coordinates maxdist=10000 isNearSphere=0\nSort:
{}\nProj: {}\n planner returned error :: caused by :: unable to find index
for $geoNear query",
        "code" : 291,
        "codeName" : "NoQueryExecutionPlans"
}
```

事实上，几乎所有地理空间运算符都需要适当的地理空间索引。在此查询的执行计划中，我们将首次看到以下阶段——GEO_NEAR_2DSPHERE：

```
mongo> var exp=db.shipwrecks.explain('executionStats').
...   find(
...     {
...       coordinates:
...         { $near :
...           {
...             $geometry: { type: "Point",
                         coordinates: [ -79.908, 9.354 ] },
...             $minDistance: 1000,
...             $maxDistance: 10000
...           }
...         }
...     }
... ).limit(1);
mongo> mongoTuning.executionStats(exp);

1    IXSCAN ( coordinates_2dsphere ms:0 keys:12)
2    FETCH ( ms:0 docs:0)
3    IXSCAN ( coordinates_2dsphere ms:0 keys:18)
4    FETCH ( ms:0 docs:1)
5  GEO_NEAR_2DSPHERE ( coordinates_2dsphere ms:0)
6  LIMIT ( ms:0)

Totals:  ms: 0  keys: 30  Docs: 1
```

这表明我们正在使用 2dsphere 索引来查询这些地理空间数据。在 MongoDB 中可以创建两种不同类型的地理空间索引：

❏ 2dsphere：用于索引存在于像地球这样的球体上的数据。

❏ 2d：用于对存在于二维平面（如传统地图）上的数据进行索引。

选择使用哪个索引取决于数据本身的上下文。选择索引类型时要小心。你可以在球形数据上使用 2d 索引；但是，结果将被扭曲。想想地图两侧的两个点的例子；这两个点在球体上可能非常接近，但在二维平面上可能非常远。

要创建地理空间索引，只需将 2dsphere 或 2d 索引类型指定为值，将键指定为包含位置数据的字段，位置数据可以是旧坐标数据或 GeoJSON 数据：

```
> db.shipwrecks.createIndex({"coordinates" : "2dsphere"})
```

> **⚠ 警告**　如果尝试在不包括 GeoJSON 对象或坐标对形式的数据字段上创建地理空间索引，MongoDB 将返回错误。因此，在创建此索引之前请检查数据。

5.8.1　地理空间索引性能

在讨论确保索引提高性能的方法时，地理空间索引是一个例外。因为必须拥有这些索引（$geoWithin 运算符除外）才能完成查询的功能，虽然它们不一定能提高查询的性能。这使得提高地理空间查询性能成为一项更具挑战性的任务，而不是一项创建或调优匹配索引的任务。关于地理空间索引，可以考虑以下几个方面：

- ❏ 与其他地理空间运算符不同，$geoWithin 可以在没有地理空间索引的情况下使用。添加匹配索引是提高 $geoWithin 性能的最简单方法。
- ❏ $near 和 $nearSphere 将自动按距离（由近到远）对结果进行排序，因此如果你在查询中添加 sort() 操作，则会浪费这次初始排序。如果打算对结果进行排序，则可以通过使用 $geoWithin 或 $geoNear 聚合阶段来提高性能，它不会自动对结果进行排序。
- ❏ 使用 $near、$nearSphere 或 $geoNear 运算符时，请尽可能利用 minDistance 和 maxDistance 参数。这将限制 MongoDB 检查的文档数量。对于附近有许多数据点的查询，这可能不会影响性能。但是，如果附近没有匹配的值，那么没给定 maxDistance 的话，查询可能会搜索整个空间！

地理空间元数据被添加到越来越多的数据中，从图像到浏览器日志不一而足。在生产数据集中，拥有地理空间数据的可能性越来越大。与其他索引类型一样，仍然应该考虑维护索引的开销相比性能的提高程度是否值得。如果不希望应用程序查询地理空间数据，那么地理空间索引可能没有用处。

5.8.2　地理空间索引限制

对于 2dsphere 和 2d 索引类型，无法创建**覆盖查询**。由于地理空间运算符的性质，必须检查文档以满足查询，因此不要期望仅通过创建地理空间索引来创建覆盖查询。

此外，在使用分片集合（将在第 14 章中介绍）时，地理空间索引不能用作分片键，我们无法通过 GeoJSON 或坐标数据进行分片。但是，如果希望在分片集合上创建地理空间索引，只要分片键引用的字段与索引不同，仍然可以创建该索引。另外值得注意的是，与文本索引一样，2d 和 2dsphere 索引总是稀疏的。

2d 索引类型不能用于更高级的 GeoJSON 数据。它只支持旧版坐标对。

MongoDB 确实允许在单个集合上创建多个地理空间索引。但是，请小心创建后续的地理空间索引，因为这会影响地理空间聚合行为，甚至可能会破坏现有的应用程序代码。例如，如果使用 $geoNear 聚合管道阶段的查询存在多个地理空间索引，则必须指定要使用的键。如果该集合上存在多个 2dsphere 或 2d 索引并且未指定键，则聚合将不确定要使用哪个索引，从而导致聚合失败。

> **注意** 如果最多有一个 2d 索引和一个 2dsphere 索引，则不会收到错误消息。相反，查询将尝试使用 2d 索引（如果存在）；如果没有找到 2d 索引，它将尝试使用 2dsphere 索引。

在实践中，不太可能在单个集合上创建许多不同的地理空间索引。与前面提到的一样，在创建索引之前请仔细考虑可能遇到的查询。

5.9 小结

本章介绍了索引是什么，它们如何工作以及它们为何如此重要。很多时候，正确识别和创建与查询匹配的索引可以以最有效的方式提高性能。此外，本章还介绍了一些更具体的索引，它们可以帮助进行地理空间查询或文本查询。

然而，正如本章所介绍的，创建索引并不是所有性能问题的通用解决方案。在某些情况下，使用不当的索引会降低性能。在决定创建哪种索引之前，考虑来自应用程序或用户的预期负载以及数据结构至关重要。

创建索引可能是提高 MongoDB 性能最强大的方法之一，但在创建它们时不要偷懒，花一点时间在创建正确的索引上将为你节省大量调优时间。

第三部分 *Part 3*

MongoDB 代码调优

第 6 章

查 询 调 优

在大部分应用程序中，数据库操作时间大部分都花在了数据检索上。一个文档只能插入或删除一次，但在两次更新之间通常会被读取多次，甚至在执行更新之前必须检索数据。因此，我们的大部分 MongoDB 调优工作都集中在查找数据上，尤其是 find() 语句，它是 MongoDB 数据检索的主力。

6.1 缓存结果

在 Guy 主要使用基于 SQL 的数据库工作的黑暗时期，一位智者曾经告诉他："最快的 SQL 语句是那些永远不会发送到数据库的语句。"换句话说，如果可以避免，就不要向数据库发送请求。即使是最简单的请求也涉及网络往返，可能还涉及 IO，所以除非绝对必要，否则永远不要与数据库交互。

这个原则同样适用于 MongoDB。我们经常多次向数据库查询相同的信息——即使知道信息不会改变。

例如，考虑以下简单函数：

```
function recordView(customerId,filmId) {
  let filmTitle=db.films.findOne({_id:filmId},{Title:1}).Title;
  db.customers.update({_id:customerId},
      {$push:{views:{filmId,title:filmTitle,
                     viewDate:new ISODate()}}});
}
```

我们在电影收藏中查找电影的片名——这够合理了吧。但是电影的片名永远不会改变，

而且在任何一天，有些电影都会被观看很多次。那么，为什么要查询数据库来获取我们已经
处理过的电影的片名呢？

公认的更合理的代码是将片名缓存在本地内存中。我们从不第二次向数据库查询电影
片名：

```
var cacheDemo={};
cacheDemo.filmCache={};

cacheDemo.getFilmId=function(filmId) {
  if (filmId in cacheDemo.filmCache) {
    return(cacheDemo.filmCache[filmId]);
  }
  else
    {
      let filmTitle=db.films.findOne({_id:filmId},
                       {Title:1}).Title;
      cacheDemo.filmCache[filmId]=filmTitle;
      return(filmTitle);
    }
};

cacheDemo.recordView= function(customerId,filmId) {
  let filmTitle=cacheDemo.getFilmId(filmId);
  db.customers.update({_id:customerId},
                  {$push:{views:{filmId,title:filmTitle,
                       viewDate:new ISODate()}}});
}
```

这种实现要快得多。图 6-1 给出了使用随机输入执行上述函数 1000 次所花费的时间。

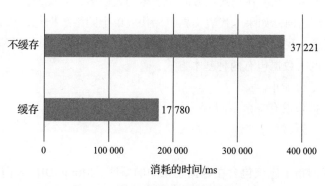

图 6-1 简单缓存带来的性能改进

缓存特别适用于包含固定不变的"查找值"的小型、频繁访问的集合。

以下是实现缓存时要牢记的一些注意事项：

☐ 缓存会消耗客户端程序的内存。在许多环境中，内存充足，放置缓存的表相对较小。
  但是，对于大型集合和内存受限的环境，缓存策略的实施实际上可能会导致应用程

序层或客户端中的内存不足而降低性能。

❑ 当缓存相对较小时，顺序扫描（即从第一个条目到最后一个条目依次检查缓存中的每个条目）可能会有较好的性能。但是，如果缓存较大，则顺序扫描可能会降低性能。为了保持良好的性能，可能有必要实施高级搜索方法，例如散列查找或二分查找。在前面的示例中，缓存根据电影 ID 进行索引，因此无论涉及的电影数量如何，都是非常高效的。

❑ 如果正在缓存的集合在程序执行期间被更新，那么除非实现一些复杂的同步机制，否则这些更改会让缓存中的数据过期。因此，最好在静态集合上执行本地缓存。

 提示 缓存来自中小型静态集合的频繁访问的数据对于提高程序性能非常有效。但是，请注意内存利用率和程序复杂性问题。

6.2 优化网络往返

数据库通常是应用程序中最慢的部分，原因之一是它们必须通过网络连接移动数据。每次应用程序访问数据库中的某些数据时，这些数据都必须通过网络进行传输。在极端情况下（例如当数据库位于另一大洲的云服务器中时），传输距离可能是数千千米。

网络传输需要时间——通常比 CPU 周期花费的时间要长得多。因此，减少网络传输或网络往返是减少查询时间的基础。

我们喜欢把网络传输想象成一艘横渡大河的划艇。河的一侧有一定数量的人，我们想用船把他们带到河的另一侧。在每次横渡时能上船的人越多，需要的往返次数就越少，我们就能越早让他们全部过河。如果人代表文档，船代表单个网络数据包，那么同样的逻辑也适用于数据库网络流量：我们的目标是将最大数量的文档打包到每个网络数据包中。

将文档打包成网络数据包有两种基本方式：

❑ 使每个文档尽可能小。

❑ 确保网络数据包没有空余空间。

6.2.1 投影

投影可以让我们指定应该包含在查询结果中的属性。MongoDB 程序员通常不会费心指定投影，因为应用程序通常会丢弃不需要的数据，但这些丢弃的数据对网络往返的影响可能是巨大的。考虑以下查询：

```
db.customers.find().forEach((customer)=>{
    if (customer.LastName in results )
      results[customer.LastName]++;
    else
```

```
        results[customer.LastName]=1;
    });
```

我们正在统计客户的姓氏。请注意，我们在客户集合中使用的唯一属性是 LastName。所以我们可以添加一个投影来确保结果中只包含 LastName：

```
db.customers.find({},{LastName:1,_id:0}).forEach((customer)=>{
    if (customer.LastName in results )
        results[customer.LastName]++;
    else
        results[customer.LastName]=1;
});
```

在慢速网络上，性能差异是惊人的——投影将吞吐量提高了 10 倍。即使在作为数据库服务器的相同主机上进行查询（从而减少往返时间），性能差异仍然很大。图 6-2 展示了通过添加投影而获得的性能改进程度。

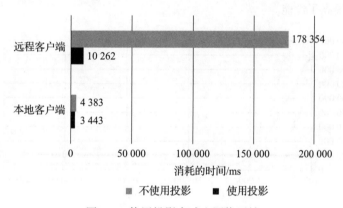

图 6-2　使用投影来减少网络开销

> 🎯 **提示**　获取批量数据时，需要在 find() 操作中包含投影。投影减少了 MongoDB 需要通过网络传输的数据量，因此可以减少网络往返次数。

6.2.2　批处理

响应查询的每个网络数据包中包含的文档数量由 MongoDB 自动管理。批处理受 BSON 文档最大为 16MB 这个条件限制，但由于网络数据包比这小得多，这个限制通常不那么重要。默认情况下，MongoDB 只会在初始批次中返回 101 个文档，这意味着有时数据可能被拆分在两次网络传输中，但是本来一次传输就足够了。

使用游标检索数据时，可以使用 batchSize 子句指定在每个操作中获取的行数。例如，以下代码中有一个游标，其中变量 batchSize 控制在每次网络请求中从 MongoDB 数据库检索的文档数量：

```
var myCursor=db.millions.find({},{n:1,_id:0})
                        .batchSize(batchsize);
while (myCursor.hasNext()) {
  myCursor.next();
 count+=1;
}
```

请注意，batchSize 实际上并没有改变返回给程序的数据量——它只是控制了每次网络往返中检索到的文档数量。从程序的角度来看，这一切都发生在"幕后"。

修改 batchSize 对性能提升的有效性很大程度上取决于底层驱动程序的实现。在 MongoDB shell 中，默认的 batchSize 已经设置得尽可能高了。但是，在 NodeJS 驱动程序中，batchSize 设置为默认值 1000。因此，在 NodeJS 程序中调整 batchSize 可能会提高性能。

图 6-3 展示了使用 NodeJS 驱动程序从远程数据库检索行的查询操作在设置不同的 batchSize 时的效果。batchSize 低于 1000 会使性能变差——甚至更差！但是大于 1000 的 batchSize 确实提高了性能。

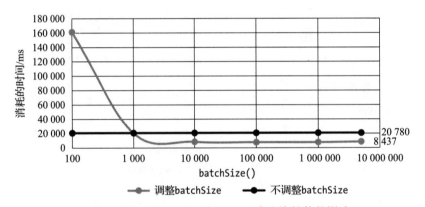

图 6-3 调整 batchSize 对 NodeJS 中查询性能的影响

请注意，如果使用 MongoDB shell 重复此实验，则在增加 batchSize 时不会看到性能提升。每个驱动程序和客户端都以不同的方式实现 batchSize。NodeJS 驱动程序使用的默认 batchSize 为 1000，而 MongoDB shell 使用的 batchSize 更大。

⚠警告 调整 batchSize 可能会降低性能而非提高性能。所以只有当通过慢速网络提取大量小文档时才需要增加 batchSize，并始终进行测试以确保性能得到了改进。

6.2.3 在代码中避免过多的网络往返

batchSize() 帮助我们在 MongoDB 驱动程序中透明地减少网络开销。但有时优化网络往返的唯一方法是调整应用程序逻辑。例如，考虑以下逻辑：

```
for (i = 1; i < max; i++) {
    //console.log(i);
    if ((i % 100) == 0) {
        cursor = useDb.collection(mycollection).find({
            _id: i
        });
        const doc = await cursor.next();
        counter++;
    }
}
```

我们正在从 MongoDB 集合中以每次 100 个的量来提取文档。如果集合很大，那将需要很多次网络往返。此外，每个请求都将通过索引查找来满足，并且所有索引查找的总次数将很多。

我们也可以在一次操作中提取整个集合，然后提取我们想要的文档。

```
const cursor = useDb.collection(mycollection).find()
                    .batchSize(10000);
for (let doc = await cursor.next();
        doc != null;
        doc = await cursor.next()) {
    if (doc._id % divisor === 0) {
        counter++;
    }
}
```

直觉上，你可能会认为第二种方法需要更长的时间。毕竟，我们现在从 MongoDB 检索的文档多 100 倍，对吧？但是因为游标在每批中（在后台）提取数千个文档，所以第二种方法实际上网络密集度要低得多。如果数据库位于慢速网络上，那么第二种方法会快得多。

图 6-4 展示了在本地服务器（例如，在 Guy 的笔记本计算机上）与远程 Atlas 服务器上两种方法的性能。当 MongoDB 服务器在 Guy 的笔记本计算机上时，第一种方法要快一些。但是当服务器是远程的时，在一次操作中提取所有数据要快得多。

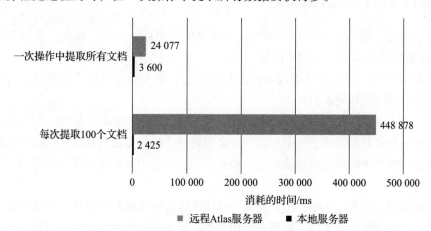

图 6-4　在客户端代码中优化网络往返

6.2.4　批量插入

就像我们想从 MongoDB 中批量提取数据一样，我们也想批量插入数据——至少在大量数据需要插入的情况下。尽管优化原理相同，但实现方式却大相径庭。由于 MongoDB 服务器或驱动程序不可能知道你要插入多少个文档，因此由你来构建代码，设置批量插入逻辑。第 8 章将介绍批量插入的原理和实践。

6.2.5　应用程序架构

还记得我们对划艇和河流的类比吗？确保划艇满载是我们减少过河次数的方法。然而，河流的宽度通常是我们无法控制的。但是在应用程序中，必须"行进的距离"是我们可以控制的。应用程序服务器和数据库服务器之间的"距离"是决定每次网络往返所用时间的主要因素。

因此，应用程序代码离数据库服务器越近，在网络上的时间开销就越少。只要有可能，就应该努力将应用程序服务器"放置"在与数据库服务器相同的数据中心，甚至相同的网络机架中。

🎯 **提示**　使应用程序代码尽可能靠近数据库服务器。两者之间的距离越远，数据库请求的平均网络延迟就越高。

当我们利用基于云的 MongoDB Atlas 服务器时，优化应用程序代码的位置时可能会遇到问题。但是，我们对 Atlas 数据库的位置确实有很多控制权，详见第 13 章。

6.3　选择索引与选择扫描

到目前为止，我们已经研究了如何减少网络传输消耗的时间。现在，我们来看如何减少 MongoDB 服务器本身所需的工作量。

我们可以使用的最重要的查询调优工具是索引。第 5 章专门介绍了索引，用很长的篇幅介绍了如何创建最好的索引。

但是，索引可能并不总是查询的最佳选择。如果你正在阅读整本书，你不会从索引开始，然后在每个索引条目和它所引用的章节之间切换。那将是极其耗时的。我们一般从第一页开始阅读，然后按顺序阅读后续页面。只有在你想从书中找到某个特定的项目，才需要使用索引。

同样的逻辑也适用于 MongoDB 查询——如果你正在读取整个集合，那么不需要使用索引。如果你正在阅读少量文档，则首选使用索引。但是在什么时候索引变得比集合扫描更有效呢？例如，如果要阅读集合中的一半文档，应该使用索引吗？

不幸的是，答案是视情况而定。影响索引检索"收支平衡点"的一些因素是：

❑ **缓存效果**：索引检索往往能在 WiredTiger 缓存中获得非常好的命中率，而全集合扫描通常获得更差的命中率。但是如果整个集合都在缓存中，那么集合扫描将会以更接近索引的速度执行。

❑ **文档大小**：大多数情况下，一个文档只在一次 IO 中检索，因此文档的大小不会对索引性能产生太大影响。然而，更大的文档意味着更大的集合，这将提高集合扫描所需的 IO 量。

❑ **数据分布**：如果集合中的文档按索引属性的顺序存储（如果文档按键顺序插入，则可能发生这种情况），那么索引检索给定键值的所有文档时可能需要访问更少的块，这时会有更高的命中率。以排序顺序存储的数据有时被称为**高度聚类的**。

图 6-5 展示了针对聚类的数据（排序数据）和非聚类的数据（未排序数据）的索引和集合扫描所用的时间，并按照访问集合百分比进行了绘制。对于随机分布的数据，如果检索数据超过集合的 8%，则集合扫描比索引完成得更快。但是，如果数据是高度聚类的，则检索数据超过集合的 95% 之前索引的性能都优于集合扫描。

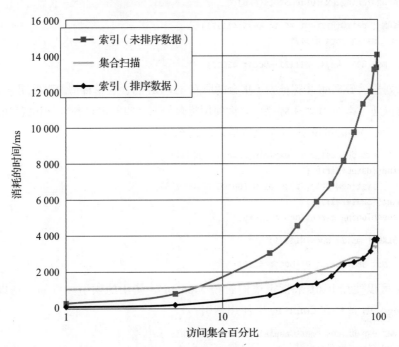

图 6-5 索引性能和集合扫描性能随访问集合百分比的变化（对数刻度）

尽管实际上不可能为索引检索确定一个通用的截止点，但以下策略通常是有效的：

❑ 如果需要访问集合中的所有文档或大部分文档，那么全集合扫描将是最快的策略。

❑ 如果要从大型集合中检索单个文档，则基于该属性的索引是更快的策略。

在上述两个极端情况之间，可能很难预测哪种策略更快。

注
意　索引访问与集合扫描访问没有通用的"收支平衡点"。如果只访问少数文档，则首
选索引。如果要访问几乎所有文档，则首选全集合扫描。在上述两个极端情况之间，
策略会有所不同。

用 hint 覆盖优化器

MongoDB 优化器在决定最佳访问路径时会组合使用启发式方法（规则）和"实验"。在确定特定查询"方案"的计划之前，通常会尝试不同的计划。当有索引时，优化器倾向于优先使用它们。例如，以下查询检索集合中的每个文档，因为没有 19 世纪出生的客户！即使正在检索所有文档，MongoDB 也会选择一个索引路径。

```
mongo> var exp=db.customers.explain('executionStats').
            find({dateOfBirth:{
                $gt:new Date("1900-01-01T00:00:00.000Z")}}});
mongo> mongoTuning.executionStats(exp);

1   IXSCAN ( dateOfBirth_1 ms:16 keys:411121)
2   FETCH ( ms:53 docs:411121)

Totals:  ms: 805  keys: 411121  Docs: 411121
```

执行计划显示 IXSCAN 步骤检索了集合的所有 411 121 行：在这种情况下使用索引并不理想。

我们可以通过添加 hint 来强制此查询使用集合扫描。如果我们附加 .hint({$natural:1})，则表示我们指示 MongoDB 执行集合扫描以解析查询：

```
mongo> var exp=db.customers.explain('executionStats').
...    find({dateOfBirth:{
            $gt:new Date("1900-01-01T00:00:00.000Z")}}}).
...    hint({$natural:1});
mongo> mongoTuning.executionStats(exp);

1   COLLSCAN ( ms:16 docs:411121)

Totals:  ms: 383  keys: 0  Docs: 411121
```

我们还可以使用 hint 来指定我们希望 MongoDB 使用的索引。例如，在以下查询中，我们看 MongoDB 选择在 Country 上使用索引：

```
mongo> var exp=db.customers.explain('executionStats').
...    find({Country:'India',
            dateOfBirth:{$gt:new Date("1990-01-01T00:00:00.000Z") }});
mongo> mongoTuning.executionStats(exp);

1   IXSCAN ( Country_1 ms:0 keys:41180)
```

```
2  FETCH ( ms:7 docs:41180)

Totals:  ms: 78  keys: 41180  Docs: 41180
```

如果认为 MongoDB 选择了错误的索引，那么肯定希望使用 hint 指定我们想让 MongoDB 使用的索引。在这里，我们强制在 dateOfBirth 上使用索引：

```
mongo> var exp=db.customers.explain('executionStats').
...     find({Country:'India',
            dateOfBirth:{$gt:new Date("1990-01-01T00:00:00.000Z")
}}).hint({dateOfBirth:1});

mongo>
mongo> mongoTuning.executionStats(exp);

1  IXSCAN ( dateOfBirth_1 ms:6 keys:63921)
2  FETCH ( ms:13 docs:63921)

Totals:  ms: 143  keys: 63921  Docs: 63921
```

在应用程序代码中使用 hint 并不是最佳做法。hint 可能会阻止查询去利用新添加到数据库中的索引，并且可能会阻止 MongoDB 新版本的服务器引入的优化。但是，如果所有其他方法都失败了，hint 可能是强制 MongoDB 使用正确索引或强制 MongoDB 使用集合扫描的唯一方法。

> ⚠警告　不到万不得已，不建议在查询中使用 hint。hint 可能会阻止 MongoDB 利用新索引，或阻止 MongoDB 响应数据分布的变化。

6.4　优化排序操作

如果查询包含排序指令并且将要排序的属性没有索引，则 MongoDB 必须获取所有数据，然后在内存中对结果数据进行排序。在对所有数据进行排序之前，无法返回查询的第一行数据，因为在对所有文档进行排序之前，我们无法识别排序结果中的第一个文档。因此，非索引排序通常被称为**阻塞排序**。

如果想要获得整个排序的数据集，阻塞排序实际上可能比索引排序更快。但是，使用索引几乎可以立即获取前几个文档，并且在许多应用程序中，用户希望快速查看排序后的第一"页"数据，并且可能永远不会"翻阅"整个集合。在这些情况下，迫切需要索引排序。

此外，如果内存不足，阻塞排序将失败。使用阻塞排序可能会出现类似下面的错误[⊖]：

```
Executor error during find command: OperationFailed: Sort operation used
more than the maximum 33554432 bytes of RAM. Add an index, or specify a
smaller limit.
```

⊖　你可以使用 internalQueryExecMaxBlockingSortBytes 为排序操作分配更多内存——我们将在第 7 章讨论这个参数。从 MongoDB 4.4 开始，还可以通过在查询中添加 allowDiskUse() 修饰符来执行"磁盘排序"。

指定 sort() 选项并执行阻塞排序的 find() 操作将在执行计划中显示 SORT_KEY_GENERATOR 步骤在 SORT 步骤之前：

```
mongo> var plan=db.customers.explain()
                    .find().sort({dateOfBirth:1});
mongo> mongoTuning.quickExplain(plan);

1    COLLSCAN
2    SORT_KEY_GENERATOR
3    SORT
```

如果在排序属性上创建索引，那么只会看到 IXSCAN 和 FETCH：

```
mongo> var plan=db.customers.explain()
                .find().sort({dateOfBirth:1});
mongo> mongoTuning.quickExplain(plan);

1    IXSCAN dateOfBirth_1
2    FETCH
```

如果我们有一个先过滤后排序的查询，那么需要在过滤条件和排序条件上都有一个按该顺序排序的索引。

例如，如果我们有以下的查询：

```
Mongo> db.customers.find({Country:'Japan'})
            .sort({dateOfBirth:1});
```

一开始，我们可能会很高兴地看到，该查询计划执行过程中使用了索引：

```
mongo> var plan=db.customers.explain()
        .find({Country:'Japan'}).sort({dateOfBirth:1});

mongo> mongoTuning.quickExplain(plan);

1    IXSCAN dateOfBirth_1
2    FETCH
```

但是，该索引仅支持排序。如果我们希望索引支持排序和查询过滤，那么需要像下面这样创建一个索引：

```
db.customers.createIndex({Country:1,dateOfBirth:1});
```

🎯提示 要创建同时支持过滤和排序的索引，需要按照过滤属性、排序属性的顺序创建索引。

使用索引以特定顺序返回文档并不总是最好的选择。如果你正在寻找前几个文档，那么索引排序将比阻塞排序更好。但是，如果需要按排序顺序返回所有文档，那么阻塞排序可能会更好。

图 6-6 展示了索引如何从根本上减少检索第一个排序文档的响应时间，但实际上增加了

获取集合中最后一个排序文档所需的时间。

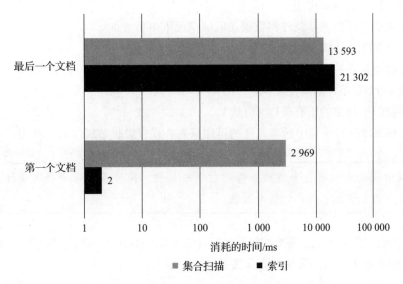

图 6-6 检索所有文档或仅检索第一个文档时索引对排序的影响（对数刻度）

提示 如果你只对排序后的前几个文档感兴趣，则使用索引来优化排序操作是一个不错的
策略。当需要按排序顺序返回所有文档时，阻塞（非索引）排序通常会更快。

如果要对大量数据进行阻塞排序，则可能需要为排序操作分配更多内存。这可以通过
调整内部参数 internalQueryExecMaxBlockingSortBytes 来实现。例如，要将排序操作所
需内存大小设置为 100MB，可以采用以下命令：

```
db.getSiblingDB("admin").
    runCommand({ setParameter: 1, internalQueryExecMaxBlockingSortBytes:
    1001048576 });
```

但是请注意，增加内存大小将允许 MongoDB 将非常多的额外数据加载到内存中，从而
利用更多的系统资源。如果服务器没有足够的可用内存，查询本身也可能需要更长的时间来
执行，详见第 11 章。

6.5 选择或创建正确的索引

如前所述，优化查询最有效的工具可能是索引。当查看一个查询（没有获取集合全部或
大部分文档的查询）时，我们的第一个问题通常是"是否有正确的索引来支持这个查询？"。

正如我们所见，索引可以对查询执行三个级别的优化：

❑ 索引可以快速定位到与过滤条件匹配的文档。

❑ 索引可以避免阻塞排序。

❑ 覆盖索引可以在不涉及任何数据访问的情况下解析查询。

因此，查询的理想索引都：

❑ 包括过滤条件的所有属性。

❑ 包括 sort() 条件的属性。

❑ 包括投影子句中的所有属性（可选）。

当然，在添加投影子句中所有属性的排序只有在仅投影少数属性时才实用。

💡提示　查询的完美索引将包含过滤条件中的所有属性、排序条件中的所有属性，以及（仅在可行时）投影子句中的所有属性。

如果有如此完美的索引，那么你将在执行计划中看到 IXSCAN 后跟着 PROJECTION_COVERED。以下是一个包含索引支持的排序的完美覆盖查询的示例：

```
mongo>db.customers.createIndex(
        {Country:1,'views.title':1,LastName:1,Phone:1},
        {name:'CntTitleLastPhone_ix'});

mongo> var exp = db.customers.
...     explain('executionStats').
...     find(
...       { Country: 'Japan', 'views.title': 'MUSKETEERS WAIT' },
...       { Phone: 1, _id: 0 }
...     ).
...     sort({ LastName: 1 });

mongo> mongoTuning.executionStats(exp);

1    IXSCAN ( CntTitleLastPhone_ix ms:0 keys:770)
2    PROJECTION_COVERED ( ms:0)
```

在以下示例中，查询中没有投影功能，因此我们不会看到 PROJECTION_COVERED。相反，我们看到有一个 FETCH 操作，但请注意，FETCH 中处理的文档数与 IXSCAN 中的文档数完全相同。这表明索引检索了我们需要的所有文档。

```
mongo> var exp = db.customers.
...     explain('executionStats').
...     find(
...       { Country: 'Japan', 'views.title': 'MUSKETEERS WAIT' }
...     ).
...     sort({ LastName: 1 });
mongo>
```

```
mongo> mongoTuning.executionStats(exp);

1   IXSCAN ( CntTitleLastPhone_ix ms:0 keys:770)
2   FETCH ( ms:0 docs:770)

Totals:  ms: 3  keys: 770  Docs: 770
```

 提示　如果在 FETCH 步骤中处理的文档数与在 IXSCAN 中处理的文档数相同，则索引成功检索到所需的所有文档。

6.6　过滤策略

本节将讨论一些特定过滤场景的策略，例如涉及"不等于"和范围查询的策略。

6.6.1　不等条件

有时，你会根据 $ne（不等于）条件来实现过滤。你最初可能会很高兴地发现 MongoDB 将使用索引来实现此类查询。例如，在以下查询中，我们检索除来自"Eric Bass"的电子邮件以外的所有电子邮件：

```
mongo> var exp = db.enron_messages.
...     explain('executionStats').
...     find({ 'headers.From': { $ne: 'eric.bass@enron.com' } });

mongo> mongoTuning.executionStats(exp);

1   IXSCAN ( headers.From_1 ms:251 keys:481269)
2   FETCH ( ms:4863 docs:481268)
Totals:  ms: 6432  keys: 481269  Docs: 481268
```

MongoDB 可以使用索引来满足不等条件。如果我们查看原始执行计划，我们可以看到 MongoDB 如何使用索引。indexBounds 部分显示，我们从最低键值扫描索引直到扫描到所需值，然后从该值再次扫描索引，直到扫描到最大键值。

```
mongo> exp.queryPlanner.winningPlan;
{
  "stage": "FETCH",
  "inputStage": {
    "stage": "IXSCAN",
    "keyPattern": {
      "headers.From": 1
    },
    "indexName": "headers.From_1",
    . . .
```

```
        "direction": "forward",
        "indexBounds": {
          "headers.From": [
            "[MinKey, \"eric.bass@enron.com\")",
            "(\"eric.bass@enron.com\", MaxKey]"
          ]
        }
      }
    }
  }
```

如果"不等"条件匹配集合的一小部分文档，这种"不等"索引可能是高效的，但如果不是，那么我们可能会使用索引来检索集合的大部分文档。正如我们之前看到的，这可能效率很低。事实上，对于我们刚刚执行的查询，最好进行一次集合扫描：

```
mongo> var exp = db.enron_messages.
...     explain('executionStats').
...     find({'headers.From': {$ne:'eric.bass@enron.com'}}).
...     hint({ $natural: 1 });
mongo> var exp = exp.next();

mongo> mongoTuning.executionStats(exp);

1  COLLSCAN ( ms:9 docs:481908)

Totals:  ms: 377  keys: 0  Docs: 481908
```

图 6-7 比较了 $ne 索引和集合扫描的性能。请记住，结果将取决于"不等值"在集合中出现的频率。但是，你可能经常发现 MongoDB 在集合扫描更好时却错误地选择了索引查询。

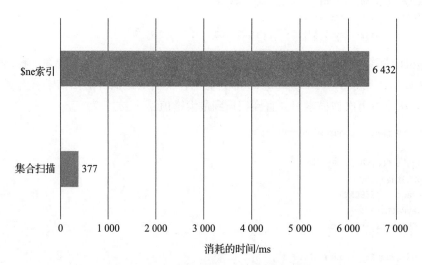

图 6-7 $ne 索引可能比集合扫描更糟糕

提示 当心索引支持的 $ne 查询。它们解析为多个索引范围扫描，这可能不如集合扫描
有效。

6.6.2 范围查询

我们之前看到了如何通过索引范围扫描解决 $ne 条件查询。B 树索引的设计就支持此类
扫描，MongoDB 会尽可能使用此类索引扫描。但同样，如果查询的范围涵盖索引中的大部
分数据，那么它可能不是最佳解决方案。

在下面的示例中，iotData 集合有 1 000 000 个文档，属性 a 的值介于 0 到 1000 之间。
即使我们构造查找每个文档的范围查询，MongoDB 也会默认使用索引查询：

```
mongo> var exp=db.iotData.explain('executionStats').
        find({a:{$gt:0}});
mongo> mongoTuning.executionStats(exp);

1   IXSCAN ( a_1 ms:83 keys:1000000)
2   FETCH ( ms:193 docs:1000000)

Totals:  ms: 2197  keys: 1000000  Docs: 1000000
```

当扫描如此广的范围时，最好使用集合扫描：

```
mongo> var exp=db.iotData.explain('executionStats').
        find({a:{$gt:990}}).hint({$natural:1});
mongo> mongoTuning.executionStats(exp);

1   COLLSCAN ( ms:1 docs:1000000)

Totals:  ms: 465  keys: 0  Docs: 1000000
```

但是，如果范围跨越的值的数量较少，则索引是最佳选择：

```
mongo> var exp=db.iotData.explain('executionStats').
        find({a:{$gt:990}});
mongo> mongoTuning.executionStats(exp);

1   IXSCAN ( a_1 ms:0 keys:10434)
2   FETCH ( ms:1 docs:10434)

Totals: ms: 23  keys: 10434  Docs: 10434
```

图 6-8 给出了以上扫描的性能。当范围扫描覆盖集合中所有或大部分数据时，集合扫描
将比索引扫描更快。但是，对于较窄范围的数据，索引扫描更胜一筹。

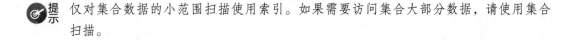 提示 仅对集合数据的小范围扫描使用索引。如果需要访问集合大部分数据，请使用集合
扫描。

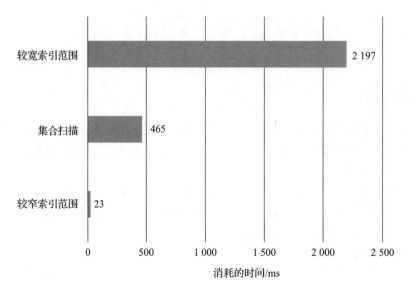

图 6-8　索引范围扫描的性能

6.6.3　$OR 或 $IN 操作

针对索引的单个属性的 $or 查询将以与 $in 查询相同的方式解析。例如，以下两个查询实际上是等效的：

```
db.enron_messages.
    find({ 'headers.To': { $in: ['ebass@enron.com',
                                 'eric.bass@enron.com']
    } });

db.enron_messages.find({
    $or: [
        { 'headers.To': 'ebass@enron.com' },
        { 'headers.To': 'eric.bass@enron.com' }
    ]
});
```

然而，当 $or 条件引用多个属性时，事情就变得更有趣了。如果所有属性都被索引了，那么 MongoDB 通常会对每个相关的索引进行一次索引，然后合并结果：

```
mongo> var exp=db.enron_messages.explain('executionStats').
    find({
...    $or: [
...        { 'headers.To': 'eric.bass@enron.com' },
...        { 'headers.From': 'eric.bass@enron.com' }
...    ]
... });
mongo> mongoTuning.executionStats(exp);

1    IXSCAN ( headers.From_1 ms:0 keys:640)
```

```
2    IXSCAN ( headers.To_1 ms:0 keys:832)
3    OR ( ms:0)
4    FETCH ( ms:0 docs:1472)
5    SUBPLAN ( ms:0)

Totals:  ms: 3  keys: 1472  Docs: 1472
```

MongoDB 在两个索引扫描中检索数据，然后在执行计划的 OR 阶段将它们合并（消除重复）。

但是，这只在所有属性都被索引时才有效。如果我们向 $or 添加未索引的属性，MongoDB 将恢复为集合扫描：

```
mongo> var exp=db.enron_messages.explain('executionStats').
         find({
...    $or: [
...       { 'headers.To': 'eric.bass@enron.com' },
...       { 'headers.From': 'eric.bass@enron.com' },
...       {"X-To": "EBASS@ENRON.COM"}
...    ]
... });

mongo> mongoTuning.executionStats(exp);

1    COLLSCAN ( ms:69 docs:481908)
2    SUBPLAN ( ms:69)

Totals:  ms: 873  keys: 0  Docs: 481908
```

 提示 要完全优化 $or 查询，请索引 $or 数组中的所有属性。

$nor 运算符返回不满足任何查询条件的文档，通常不会利用索引。

6.6.4 数组查询

MongoDB 提供了丰富的对数组元素的查询操作，并且可以通过索引有效地执行这些操作。例如，以下查询查找发送给 Jim Schwieger 和 Thomas Martin 的电子邮件[注]：

```
mongo> var exp = db.enron_messages.explain('executionStats').find({
...    'headers.To': {
...       $eq: ['jim.schwieger@enron.com',
                'thomas.martin@enron.com']
...    }
... });
mongo> mongoTuning.executionStats(exp);

1    IXSCAN ( headers.To_1 ms:0 keys:2130)
```

⊖ 可以说这不是一个非常巧妙的查询，因为电子邮件地址必须完全按照指定的顺序出现。

```
2  FETCH ( ms:1 docs:2128)
Totals:  ms: 10  keys: 2130  Docs: 2128
```

利用相同的索引，下面的语句也可以支持此类查询，它会查找 Thomas 和 Jim 为收件人的所有电子邮件：

```
mongo> var exp = db.enron_messages.
...    find({
...      'headers.To': {
...        $all: ['jim.schwieger@enron.com',
              'thomas.martin@enron.com']
...      }
...    }).
...    explain('executionStats');
mongo> mongoTuning.executionStats(exp);

1   IXSCAN ( headers.To_1 ms:0 keys:2128)
2  FETCH ( ms:1 docs:2128)

Totals:  ms: 11  keys: 2128  Docs: 2128
```

同样的索引也可以支持 $elemMatch 查询。但是，用于查找具有特定长度的数组的 $size 运算符不会从数组的索引中受益：

```
mongo> var exp = db.enron_messages.
...    explain('executionStats').
...    find({
...      'headers.To': { $size: 1 }});
mongo> mongoTuning.executionStats(exp);

1   COLLSCAN ( ms:788 docs:481908)
```

 注意 MongoDB 索引可用于搜索数组的元素。

6.6.5　正则表达式

正则表达式允许我们对字符串执行高级匹配。例如，以下查询使用正则表达式来查找姓氏中包含字符串 HARRIS 的客户：

```
mongo> var exp=db.customers.explain('executionStats').
         find({LastName:/HARRIS/});
mongo>
mongo> mongoTuning.executionStats(exp);

1   IXSCAN ( LastName_1 ms:9 keys:410071)
2  FETCH ( ms:12 docs:1365)

Totals:  ms: 273  keys: 410071  Docs: 1365
```

虽然这个查询是正确的，但它并不高效。我们实际上扫描了所有 410 000 个索引条目，因为正则表达式理论上可以包含姓氏，例如 MACHARRISON。如果我们试图只匹配以 HARRIS 开头的名字（例如 HARRIS 和 HARRISON），那么应该使用 "^" 正则表达式来指示字符串要匹配目标的第一个字符。如果我们这样做，那么索引扫描是有效的——只扫描 1366 个索引条目：

```
mongo> var exp=db.customers.explain('executionStats').
        find({LastName:/^HARRIS/});
mongo>
mongo> mongoTuning.executionStats(exp);

1   IXSCAN ( LastName_1 ms:0 keys:1366)
2   FETCH ( ms:0 docs:1365)

Totals:  ms: 3  keys: 1366  Docs: 1365
```

 提示　要执行高效的带索引的正则表达式搜索，请确保使用 "^" 运算符将正则表达式锚定到目标字符串的开头。

正则表达式通常用于执行不区分大小写的搜索。例如，以下查询搜索姓氏 Harris，无论其拼写是否大小。正则表达式中最后的 i 指定搜索不区分大小写：

```
mongo> var e = db.customers.
...     explain('executionStats').
...     find({ LastName: /^Harris$/i }, {});

mongo> mongoTuning.executionStats(e);
1   IXSCAN ( LastName_1 ms:4 keys:410071)
2   FETCH ( ms:6 docs:635)

Totals:  ms: 282  keys: 410071  Docs: 635
```

正如第 5 章所述的那样，这种不区分大小写的查询只有在所涉及的索引不区分大小写时才会有效。

 提示　要执行有效的不区分大小写的索引搜索，必须创建不区分大小写的索引，如第 5 章所述。

6.6.6　$exists 查询

使用 $exists 操作的查询可以利用索引实现：

```
mongo> var exp=db.customers.explain('executionStats').
        find({updateFlag: {$exists:true}});

mongo> mongoTuning.executionStats(exp);

1   IXSCAN ( updateFlag_1 ms:11 keys:411121)
2   FETCH ( ms:32 docs:411121)
```

```
Totals:  ms: 525  keys: 411121  Docs: 411121
```

但是，请注意，这可能是一个成本特别高昂的操作，因为 MongoDB 将扫描索引以查找包含该键的所有条目：

```
"indexBounds": {
    "updateFlag": [
      "[MinKey, MaxKey]"
    ]
  }
```

最好查找该列的某个特定值：

```
mongo> var exp=db.customers.explain('executionStats').
    find({updateFlag:true});

mongo> mongoTuning.executionStats(exp);

1   IXSCAN ( updateFlag_1 ms:0 keys:1)
2  FETCH ( ms:0 docs:1)

Totals:  ms: 0  keys: 1  Docs: 1
```

也可以考虑创建仅索引值存在的文档的稀疏索引：

```
mongo> db.customers.createIndex({updateFlag:1},{sparse:true});
{
  "createdCollectionAutomatically": false,
  "numIndexesBefore": 1,
  "numIndexesAfter": 2,
  "ok": 1
}
mongo> var exp=db.customers.explain('executionStats').find({
...   updateFlag: {$exists:true}});
mongo>
mongo> mongoTuning.executionStats(exp);

1   IXSCAN ( updateFlag_1 ms:0 keys:1)
2  FETCH ( ms:0 docs:1)

Totals:  ms: 0  keys: 1  Docs: 1
```

稀疏索引的缺点是它不能用于查找属性不存在的文档：

```
mongo> var exp=db.customers.explain('executionStats').
    find({updateFlag: {$exists:false}});
mongo> mongoTuning.executionStats(exp);

1  COLLSCAN ( ms:10 docs:411121)

Totals:  ms: 295  keys: 0  Docs: 411121
```

 提示　$exists:true 查找可以通过相关属性的稀疏索引来优化。但是，这样的索引不能优化 $exists:false 查询。

6.7 优化集合扫描

我们在 MongoDB 查询调优中对索引的强调往往会扭曲我们的想法，我们有可能会掉入一个陷阱：认为执行查询的唯一好方法是通过索引查找。

然而，本章给出了许多索引扫描效率低于集合扫描的示例。因此，如果集合扫描是不可避免的，那么是否有优化这些扫描的方法呢？

答案是肯定的！如果你发现必须进行集合扫描并且需要提高扫描的性能，那么主要的方法是使集合更小。

减小集合大小的一种方法是将大的、不常访问的元素移动到另一个集合，详见 4.3.2 节。

对集合进行分片可以提高集合扫描的性能，因为这允许多个集群协作进行扫描，详见第 14 章。

随着时间的推移，经过大量更新和删除的集合也可能变得臃肿。MongoDB 将尝试重新利用在删除文档或缩小文档大小时创建的空白空间，但它不会释放分配给磁盘的空间，所以集合占用的空间可能比它真正需要的空间大。一般来说，WiredTiger 会有效地重用空间，但在某些极端情况下，可以考虑运行 compact 命令来回收浪费的空间。

请注意，compact 命令会阻止对包含相关集合的数据库的操作，因此你只能在停机窗口发出 compact 命令。

6.8 小结

本章研究了如何优化涉及 find() 命令的 MongoDB 查询，该命令是 MongoDB 数据访问的主力。避免数据访问开销的最佳方法是避免不必要的数据访问，因此我们讨论了如何在客户端缓存数据，从而实现这一点。使用投影，利用批处理并避免代码中不必要的网络往返可以减少网络开销。

索引在查询优化中非常有效，但主要是在检索集合数据的子集时。我们研究了如何使用 hint 来强制 MongoDB 使用所选择的索引或执行集合扫描。

索引可用于优化排序操作，特别是尝试查找排序后的第一个文档时。如果你尝试针对整个排序结果集进行查询，则可能集合扫描更合适。

集合扫描性能最终取决于集合的大小，如果集合扫描不可避免，我们也提供了一些缩小集合的策略。

Chapter 7 第 7 章

调优和利用聚合管道

在开始使用 MongoDB 时，大多数开发人员将从其他数据库中熟悉的基本 CRUD（Create-Read-Update-Delete 创建 – 读取 – 更新 – 删除）操作开始。插入、查找、更新和删除操作确实会构成大多数应用程序的主要部分。然而，在几乎所有应用程序中，都存在复杂的数据检索和操作要求，超出了基本 MongoDB 命令所能做到的。

MongoDB find() 命令用途广泛且易于使用，但聚合框架可以让它的能力得到提升。聚合管道可以做任何 find() 操作可以做的事情，甚至更多。正如 MongoDB 所说的那样：聚合操作是新的 find。

聚合管道允许你通过减少可能需要多次查找操作和复杂数据操作的逻辑来简化应用程序代码。如果使用得当，单个聚合操作可以替换许多查询并减少其相关的网络往返时间。

你可能还记得前面章节中的内容，调优应用程序的一个重要部分是确保在数据库上进行尽可能多的工作。聚合操作允许你将通常位于应用程序上的数据转换逻辑移动到数据库中执行。因此，经过适当调优的聚合管道大大优于其他的替代解决方案。

然而，聚合操作带来额外好处的同时，也带来了一系列新的调优挑战。本章将介绍调优和利用聚合管道所需的所有知识。

7.1　调优聚合管道

为了有效地调优聚合管道，我们首先必须能够有效地识别哪些聚合操作需要调优，哪些方面可以改进。与 find() 查询一样，explain() 命令是我们最好的帮手。你可能还记得前面章节中的内容，为了检查查询的执行计划，我们在集合名称之后添加了 .explain()。

例如，为了解释 find()，我们可以使用以下命令：

```
db.customers.
  explain().
  find(
    { Country: 'Japan', LastName: 'Smith' },
    { _id: 0, FirstName: 1, LastName: 1 }
  ).
  sort({ FirstName: -1 }).
  limit(3);
```

我们可以以同样的方式解释聚合管道：

```
db.customers.explain().aggregate([
  { $match: {
    Country: 'Japan',
    LastName: 'Smith',
  } },
  { $project: {
    _id: 0,
    FirstName: 1,
    LastName: 1,
  } },
  { $sort: {
    FirstName: -1,
  } },
  { $limit: 3 } ] );
```

但是，find() 命令的执行计划与 aggregate() 命令的执行计划存在显著差异。

当对标准 find 命令运行 explain() 时，我们可以通过 queryPlanner.winningPlan 对象来查看有关执行的信息。

聚合管道的 explain() 输出也类似，但也有很大的不同。首先，我们以前习惯的 query-Planner 对象现在驻留在新的对象中，而该对象驻留在名为 stages 的数组中。stages 数组包含每个聚合阶段（作为单独的对象）。例如，我们之前看到的聚合操作将具有以下简化的解释输出：

```
{
  "stages": [
    {"$cursor": {
      "queryPlanner": {
        // . . .
        "winningPlan": {
          "stage": "PROJECTION_SIMPLE",
          //      . . .
          "inputStage": {
            "stage": "FETCH",
            //    . . .
            "inputStage": {
```

```
                    "stage": "IXSCAN",
                    . . .
                } } },
            "rejectedPlans": []
        } } },
    { "$sort": {
        "sortKey": {
          "FirstName": -1
        },
        "limit": 3
    } } ],
  . . .
}
```

在聚合管道的执行计划中，queryPlanner 阶段揭示了将数据引入管道所需的初始数据访问操作。这通常表示支持初始 $match 的操作，集合扫描将从集合中检索所有数据（如果没有指定 $match 条件的话）。

stages 数组显示有关聚合管道中每个后续步骤的信息。请注意，MongoDB 可以在执行期间合并和重新排序聚合阶段，因此这些阶段可能与你在原始管道定义中的阶段不匹配，7.11 节将对此进行更多介绍。

我们编写了一个辅助脚本来简化调优脚本包⊖中聚合执行计划的解释。mongoTuning.aggregationExecutionStats() 方法将提供每个步骤所用时间的概述。下面是一个使用 aggregationExecutionSteps 的例子：

```
mongo> var exp = db.customers.explain('executionStats').aggregate([
...   { $match:{
...       "Country":{ $eq:"Japan" }}
...   },
...   { $group:{ _id:{ "City":"$City"  },
...             "count":{$sum:1} }
...   },
...   { $sort:{  "_id.City":-1 }},
...   { $limit:  10 },
... ] );

mongo>  mongoTuning.aggregationExecutionStats(exp);

1  IXSCAN ( Country_1_LastName_1 ms:0 keys:21368 nReturned:21368)
2  FETCH ( ms:13 docsExamined:21368 nReturned:21368)
3  PROJECTION_SIMPLE ( ms:15 nReturned:21368)
4  $GROUP ( ms:70 returned:31)
5  $SORT ( ms:70 returned:10)

Totals:  ms: 72  keys: 21368  Docs: 21368
```

⊖　有关如何使用调优包的信息，请参阅前言。

7.1.1 优化聚合排序

聚合操作由一系列操作阶段构成，这对应了一系列文档相关的操作，这些文档按从第一个操作到最后一个操作的顺序执行。每个阶段的输出会被传递到下一个阶段进行处理，初始输入是整个集合。

这些阶段的顺序性质是聚合被称为管道的原因：数据流经管道，在每个阶段被过滤和转换，直到最终退出管道。优化这些管道最简单的方法是尽早减少数据量；这将减少每个连续步骤所做的工作量。从逻辑上讲，聚合中执行最复杂工作的阶段应该对尽可能少的数据进行操作，早期阶段执行尽可能多的过滤，这样后续阶段需要处理的数据量就少了。

> 🎯 提示 构建聚合管道时，要早过滤，经常过滤！越早从管道中剔除数据，MongoDB 的整体数据处理负载就越低。

MongoDB 将自动重新排序管道中的操作顺序以优化性能。但是，对于复杂的管道，你可能需要自己设置顺序。

无法进行自动重新排序的一种情况是使用 $lookup 的聚合。$lookup 阶段允许连接两个集合。如果要连接两个集合，则可以选择在连接之前或之后进行过滤，在这种情况下，尝试在连接操作之前减少数据的大小非常重要，因为对于传入 lookup 操作的每个文档，MongoDB 必须尝试在另一个要连接的集合中找到匹配的文档。我们在查找之前过滤掉的每个文档都会减少需要进行的查找次数。这是一个明显但很关键的优化策略。

我们来看一个生成"top5"产品购买列表的示例聚合：

```
db.lineitems.aggregate([
  { $group:{ _id:{ "orderId":"$orderId" ,"prodId":"$prodId"  },
            "itemCount-sum":{$sum:"$itemCount"} } },
  { $lookup:
    { from:          "orders",  localField:"_id.orderId",
      foreignField: "_id",             as:"orders"
    } },
  { $lookup:
    { from:          "customers", localField:"orders.customerId",
      foreignField: "_id",             as:"customers"
    } },
  { $lookup:
    { from:          "products", localField:"_id.prodId",
      foreignField: "_id",             as:"products"
    } },
  { $sort:{  "count":-1 }},
  { $limit:  5 },
],{allowDiskUse: true});
```

这是一个相当大的聚合管道。事实上，如果没有 allowDiskUse:true 标志，它会产生一个内存不足的错误。稍后我们将介绍为什么会出现这个错误。

请注意，在对结果进行排序并限制输出之前，我们会连接 orders、customers 和 products。因此，我们必须为每个 lineItem 执行所有三个连接查找。我们可以（而且应该）将 $sort 和 $limit 直接放在 $group 操作之后：

```
db.lineitems.aggregate([
  { $group:{ _id:{ "orderId":"$orderId" ,"prodId":"$prodId"  },
             "itemCount-sum":{$sum:"$itemCount"} } },
  { $sort:{  "count":-1 }},
  { $limit:  5 },
  { $lookup:
    { from:         "orders",  localField:"_id.orderId",
      foreignField: "_id",                 as:"orders"
    } },
  { $lookup:
    { from:         "customers", localField:"orders.customerId",
      foreignField: "_id",                 as:"customers"
    } },
  { $lookup:
    { from:         "products",  localField:"_id.prodId",
      foreignField: "_id",                 as:"products"
    } }
],{allowDiskUse: true});
```

性能上的差异是惊人的。通过将 $sort 和 $limit 提前几行，我们创建了一个更高效、可扩展的解决方案。图 7-1 展示了在管道中将 $limit 前置所获得的性能改进效果。

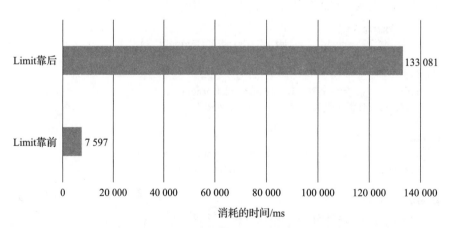

图 7-1 $lookup 管道中将 Limit 子句前移的影响

提示　注意对聚合管道进行排序，要尽早而不是稍后过滤文档。越早从管道中剔除数据，在后面的管道中所需的工作就越少。

7.1.2　自动管道优化

MongoDB 将对聚合管道进行一些优化以提高性能。确切的优化因版本而异，当通过驱动程序或 MongoDB shell 运行聚合时，没有明显迹象表明已经发生了优化。实际上，唯一确定是否有优化的方法是使用 explain() 检查查询计划。如果你惊讶地发现聚合解释与刚刚发送到 MongoDB 的查询阶段顺序不匹配，请不要惊慌。这就是优化器做的工作。

我们运行一些聚合操作并使用 explain() 观察 MongoDB 是如何改进管道的。下面是一个非常糟糕的聚合管道：

```
> var explain = db.listingsAndReviews.explain("executionStats").
  aggregate([
    {$match: {"property_type" : "House"}},
    {$match: {"bedrooms" : 3}},
    {$limit: 100},
    {$limit: 5},
    {$skip: 3},
    {$skip: 2}
  ]);
```

你大概可以猜到这里会发生什么。多个 $match、$limit 和 $skip 阶段，当一个接一个地放置时，可以合并而不改变结果。可以使用 $and 合并两个 $match 阶段。两个 $limit 阶段的结果相当于 limit 值较小的单个 limit 的效果，两个 $skip 的效果是 $skip 值的和的效果。尽管管道的结果没有变化，但我们可以在查询计划中观察到优化的效果。以下是从 mongoTuning.aggregationExecutionStats 命令输出的合并阶段后的简化视图：

```
1  COLLSCAN ( ms:0 docsExamined:525 nReturned:5)
2  LIMIT ( ms:0 nReturned:5)
3  $SKIP ( ms:0 returned:0)

Totals:  ms: 1  keys: 0  Docs: 525
```

可以看到，MongoDB 已将管道中的 6 个步骤合并为 3 个操作。

MongoDB 可以替你执行一些其他的智能合并，如果在 $lookup 阶段后立即使用 $unwind 处理连接的文档，MongoDB 会将 $unwind 合并到 $lookup 中。例如，以下聚合将用户与他们的博客评论连接起来：

```
> var explain = db.users.explain("executionStats").aggregate([
  { $lookup: {
      from: "comments",
      as: "comments",
      localField: "email",
      foreignField: "email"
  }},
  { $unwind: "$comments"}
  ]);
```

执行中 $lookup 和 $unwind 将合并为一个阶段，这样创建大型的连接文档然后立即展开为较小文档的操作就可以避免了。执行计划将类似于以下代码段：

```
> mongoTuning.aggregationExecutionStats(explain);

1  COLLSCAN ( ms:9 docsExamined:183 nReturned:183)
2  $LOOKUP ( ms:4470 returned:50146)

Totals:  ms: 4479  keys: 0  Docs: 183
```

类似地，$sort 和 $limit 阶段也可以合并，允许 $sort 只维护有限数量的文档而不是其整个输入。以下是这种优化的一个例子。查询：

```
> var explain = db.users.explain("executionStats").
 aggregate([
  { $sort: {year: -1}},
  { $limit: 1}
 ]);
> mongoTuning.aggregationExecutionStats(explain);
```

在输出的解释中只产生一个阶段：

```
1  COLLSCAN ( ms:0 docsExamined:183 nReturned:183)
2  SORT ( ms:0 nReturned:1)

Totals:  ms: 0  keys: 0  Docs: 183
```

还有另一个重要的优化不涉及合并或移动管道中的阶段。如果聚合只需要部分文档属性，MongoDB 可能会添加投影来删除所有未使用的属性。这就减小了通过管道的数据集的大小。例如，以下聚合实际上只使用两个字段，即 Country 和 City：

```
mongo> var exp = db.customers.
...      explain('executionStats').
...      aggregate([
...        { $match: { Country: 'Japan' } },
...        { $group: { _id: { City: '$City' } } }
...      ]);
```

MongoDB 在执行计划中插入一个投影以消除所有不需要的属性：

```
mongo> mongoTuning.aggregationExecutionStats(exp);

1  IXSCAN ( Country_1_LastName_1 ms:4 keys:21368 nReturned:21368)
2  FETCH ( ms:12 docsExamined:21368 nReturned:21368)
3  PROJECTION_SIMPLE ( ms:12 nReturned:21368)
4  $GROUP ( ms:61 returned:31)

Totals:  ms: 68  keys: 21368  Docs: 21368
```

因此，我们现在知道 MongoDB 将有效地添加和合并阶段以改进管道。在某些情况下，优化器会对阶段重新排序。其中最重要的是 $match 操作的重新排序。

如果管道在将新字段投影到文档中（例如 $group、$project、$unset、$addFields 或

$set）的阶段之后包含 $match，并且如果 $match 阶段不需要投影字段，则 MongoDB 将在管道中把该 $match 阶段移动到前面，这减少了在后续阶段必须处理的文档数量。

例如，考虑以下聚合操作：

```
var exp=db.customers.explain("executionStats").aggregate([
    { '$group': {
        '_id': '$Country',
        'numCustomers': {
          '$sum': 1
        } } },
    { '$match': {
        '$or': [
          { '_id': 'Netherlands' },
          { '_id': 'Sudan' },
          { '_id': 'Argentina' } ] } }
]);
```

在 MongoDB 4.0 之前，MongoDB 将执行管道中指定的确切步骤，即执行 $group 操作，然后使用 $match 剔除指定国家以外的国家。这个操作过程很耗费资源，因为我们有一个 Country 索引，可以用来快速找到所需的文件。

但是，在现代 MongoDB 中，$match 操作将在 $group 操作之前执行，从而减少需要分组的文档数量并且可以使用索引快速查找。以下是生成的执行计划：

```
mongo> mongoTuning.aggregationExecutionStats(exp);

1  IXSCAN ( Country_1_LastName_1 ms:1 keys:13720 nReturned:13717)
2  PROJECTION_COVERED ( ms:1 nReturned:13717)
3  SUBPLAN ( ms:1 nReturned:13717)
4  $GROUP ( ms:20 returned:3)
```

MongoDB 自动优化是最近的 MongoDB 版本的无名英雄，你无须进行任何工作即可提高性能。了解这些优化的工作原理能让你在创建聚合时做出正确的决策，并了解执行计划中的异常情况。

关于某个 MongoDB 版本的优化中具体的执行细节的更多介绍，请参阅 http://bit.ly/MongoAggregatePerf 上的官方文档。

7.2　优化多集合连接

聚合框架提供的真正重要的功能之一是能够合并来自多个集合的数据。最重要和最成熟的功能是 $lookup 运算符，它允许两个集合之间的连接。

第 4 章探讨了一些替代 schema 的设计，其中一些经常需要连接来组装信息。例如，我们创建了一个 schema，其中客户和订单分别保存在不同的集合中。在这种情况下，我们将使用 $lookup 来连接客户数据和订单数据，如下所示：

```
db.customers.aggregate([
  { $lookup:
    { from:          "orders",
      localField:    "_id",
      foreignField:  "customerId",
      as:            "orders"
    }
  },
]);
```

该语句在每个客户文档中嵌入了一系列订单。客户文档中的 **_id** 属性与订单集合中的 customerId 属性相匹配。

使用 $lookup 构建连接并不太具有挑战性，但存在一些明确的关于连接性能的潜在问题。因为 $lookup 函数对源数据中的每个文档执行一次，所以 $lookup 必须快速。实际上，这意味着 $lookup 应该充分利用索引。在前面的例子中，我们需要确保在 orders 集合中的 customerId 属性上有一个索引。

不幸的是，explain() 命令并不能帮助我们确定连接是否有效或是否使用了索引。例如，以下是前面操作的解释输出（使用 mongoTuning.aggregationExecutionStats）：

```
1  COLLSCAN ( ms:10 docsExamined:411121 nReturned:411121)
2  $LOOKUP ( ms:5475 returned:411121)
```

解释函数输出告诉我们，我们使用集合扫描来执行客户的初始检索，但没有显示我们是否在 $lookup 阶段使用了索引。

但是，如果你没有索引，你肯定会注意到性能下降的问题。图 7-2 展示了随着越来越多的文档参与连接，性能下降的现象。使用索引，连接性能是高效且可预测的。如果没有索引，随着更多文档被添加到连接中，连接性能会急剧下降。

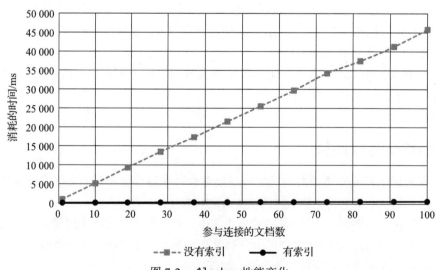

图 7-2　$lookup 性能变化

要在 $lookup 中的 foreignField 属性上创建索引，除非集合很小。

7.2.1 连接顺序

连接集合时，我们有时可以选择连接的顺序。例如，下面的查询从客户连接到订单：

```
db.customers.aggregate([
  { $lookup:
    { from:         "orders",
      localField:   "_id",
      foreignField: "customerId",
      as:           "orders"
    }
  },
  { $unwind:  "$orders" },
  { $count: "count" },
]);
```

以下查询返回相同的数据，但从订单连接到客户：

```
db.orders.aggregate([
  { $lookup:
    { from:         "customers",
      localField:   "customerId",
      foreignField: "_id",
      as:           "customer"
    }
  },
  { $count: "count" },
]);
```

这两个查询具有非常不同的性能。尽管在每个查询中都有支持 $lookup 操作的索引，但从订单到客户的连接会导致更多的 $lookup 调用，这是因为订单比客户多。因此，从订单到客户的连接比从客户到订单的连接花费的时间要长得多。图 7-3 展示了它们的相对性能。

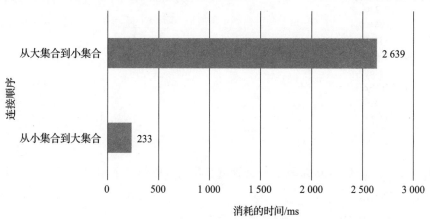

图 7-3 连接顺序和 $lookup 性能

在确定连接顺序时，请遵循以下准则：

❑ 在连接之前，应该尽量减少要连接的数据量。因此，如果要过滤其中一个集合，则该集合应在连接顺序中排在前面。

❑ 如果只有一个索引来支持两种连接顺序中的一种，那么应该使用具有索引支持的连接顺序。

❑ 如果两个连接顺序都满足上述两个条件，那么应该尝试从更小集合连接到更大集合。

 提示　在其他条件相同的情况下，要从小集合连接到大集合，而不是从大集合连接到小集合。

7.2.2　优化图查找

Neo4J 等图数据库专门用于遍历关系图，比如你可能在社交网络中看到的关系图。许多非图数据库已经整合了图计算引擎来执行类似的任务。使用旧版本的 MongoDB，你可能迫不得已通过网络获取大量图数据并在应用程序层面运行一些计算代码。这个过程将是缓慢而烦琐的。幸运的是，从 MongoDB 3.4 开始，我们可以使用 $graphLookup 聚合框架执行简单的图遍历。

想象一下，你有存储在 MongoDB 中的代表社交网络的数据。在这个网络中，单个用户作为朋友连接到大量其他用户。这些类型的网络是图数据库的常见形式。我们使用以下样本数据运行一个示例：

```
db.getSiblingDB("GraphTest").socialGraph.findOne();
{
    "_id" : ObjectId("5a739cda0c31c5f5afcff87f"),
    "person" : 561596,
    "name" : "User# 561596",
    "friends" : [
        94230,
        224410,
        387968,
        406744,
        707890,
        965522,
        1189677,
        1208173
    ]
}
```

使用带有 $graphLookup 步骤的聚合管道，我们可以为单个用户扩展他们的社交网络。下面是一个示例管道：

```
db.socialGraph.aggregate([
```

```
    {$match:{person:1476767}},
    {$graphLookup: {
        from: "socialGraph",
        startWith: [1476767],
        connectFromField: "friends",
        connectToField: "person",
        maxDepth: 2,
        depthField: "Depth",
        as: "GraphOutput"
    }
    },{$unwind:"$GraphOutput"}
], {allowDiskUse: true});
```

我们在这里所做的是从第 1476767 号人开始，然后按照朋友数组的元素拓展两层，基本上找到的是"朋友的朋友"。

增加 maxDepth 字段的值会成倍增加我们必须处理的数据量。你可以将每个深度级别视为一种需要对集合进行的某种自连接。对于初始数据集中的每个文档，我们读取集合以查找初始数据集中的人的朋友；然后对于第一次拓展的数据集中的每个文档，读取二次拓展的集合以找到一次拓展数据集中人的朋友（这是初始数据集中的人的"朋友的朋友"），以此类推。一旦达到 maxDepth 连接，我们就会停止。

显然，如果每个自连接都需要一次集合扫描，那么随着网络深度的增加，性能会迅速下降。因此，重要的是确保在遍历连接时有一个可供 MongoDB 使用的索引。该索引应该在 connectToField 属性上。

图 7-4 给出了使用和不使用索引的 $graphLookup 操作的性能。如果没有索引，随着操作深度的增加，性能会迅速下降。使用索引，图查找更具可扩展性和效率。

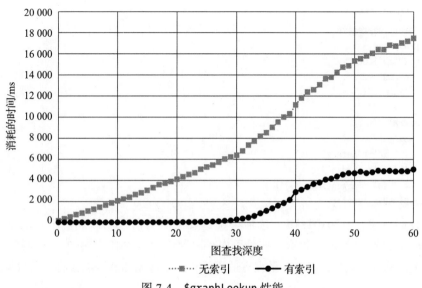

图 7-4　$graphLookup 性能

提示 在执行 $graphLookup 操作时，请确保在 connectToField 属性上有一个索引。

7.3 聚合内存利用

在 MongoDB 中执行聚合时，需要记住两个重要限制，它们适用于所有聚合，无论管道是从哪个阶段构建的。除了这些之外，还有一些在调优应用程序时需要考虑的特定限制。必须始终牢记的两个限制是文档大小限制和内存使用限制。

在 MongoDB 中，单个文档的大小限制为 16MB。对于聚合也是如此。执行聚合时，如果输出文档超过此限制，则会引发错误。在执行简单聚合时，这可能不是问题。但是，当跨多个集合对文档进行分组、操作、展开和连接时，你将不得不考虑输出文档不断增长的大小。这里的一个重要区别是此限制仅适用于结果中的文档。例如，如果一个文档在管道运行中超过了这个限制，但在管道结束前减少到低于限制的大小，则不会抛出错误。此外，MongoDB 内部结合了一些操作来避免超过限制。例如，如果 $lookup 返回的数组大于限制大小，但 $lookup 后面紧跟着 $unwind，则不会发出文档大小错误。

要记住的第二个限制是内存使用限制。在聚合管道的每个阶段，默认情况下内存限制为 100MB。如果超过此限制，MongoDB 将产生错误。

MongoDB 确实提供了一种在聚合期间绕过此限制的方法。allowDiskUse 选项可用于消除绝大部分阶段的内存限制。可能你已经猜到了，当 allowDiskUse 设置为 true 时，允许 MongoDB 在磁盘上创建一个临时文件以在聚合时保存一些数据，从而绕过内存限制。你可能已经在前面的一些示例中注意到了这一点。下面是在我们之前的一个聚合中将此限制设置为 true 的一个示例：

```
db.customers.aggregate([
  { '$group': {
      '_id': '$Country',
      'numCustomers': {
        '$sum': 1
  } } },
  { '$match': {
      '$or': [
        { '_id': 'Netherlands' },
        { '_id': 'Sudan' },
        { '_id': 'Argentina' } ] } }
],{allowDiskUse:true});
```

正如我们所说，allowDiskUse 选项将绕过几乎所有阶段的限制。不幸的是，即使将 allowDiskUse 设置为 true，仍有一些阶段内存限制仍为 100MB。例如，累加器 $addToSet 和 $push 不会溢出到磁盘，因为如果没有适当优化，这些累加器可能会将大量数据传递到下一阶段。

目前对于这三个受限阶段没有明显的解决方法，这意味着你必须优化查询和管道才能确保不会遇到此限制并收到来自 MongoDB 的错误。

为避免达到这些内存限制，你应该考虑实际需要获取多少数据。问问自己，是否使用了查询返回的所有字段，数据是否可以更简洁地表示？从中间文档中删除不必要的属性是减少内存使用的一种简单而有效的方法。

如果一切都失败了，或者如果想避免数据溢出到磁盘时的性能拖累，则可以尝试增加这些操作的内部内存限制。这些内存限制由 internal*Bytes 形式的未记录参数控制，其中最重要的三个是：

- internalQueryMaxBlockingSortMemoryUsageBytes：$sort 可用的最大内存（有关详细信息，请参阅 7.4 节）。
- internalLookupStageIntermediateDocumentMaxSizeBytes：$lookup 操作可用的最大内存。
- internalDocumentSourceGroupMaxMemoryBytes：$group 操作可用的最大内存。

你可以使用 setParameter 命令调优这些参数。例如，要增加排序内存，可以运行以下命令：

```
db.getSiblingDB("admin").
    runCommand({ setParameter: 1,
    internalQueryMaxBlockingSortMemoryUsageBytes: 1048576000 });
```

7.4 节将在排序优化的背景下进一步讨论这个问题。但是，在调优内存限制时要非常小心，因为如果超过服务器的内存容量，可能会损害 MongoDB 集群的整体性能。

7.4 在聚合管道中排序

我们在第 6 章中研究了在 find() 操作中的排序优化。聚合管道中的排序与一般的排序在以下两个重要方面是不同的：

- 通过执行"磁盘排序"，聚合操作的内存限制可以超过阻塞排序的内存限制。在磁盘排序中，多余的数据在排序操作期间会写入磁盘和从磁盘写入。
- 除非排序操作处在管道的早期阶段，否则聚合操作可能无法利用索引排序选项。

7.4.1 索引聚合排序

与 find() 类似，聚合操作能够使用索引来优化排序操作，从而避免高内存利用或磁盘排序。但是，这通常只有在 $sort 发生得足够早，早到在管道的初始数据访问操作中时才会发生。

例如，考虑以下对数据进行排序并添加字段的操作：

```
mongo> var exp=db.baseCollection.explain('executionStats').
...        aggregate([
...           { $sort:{  d:1 }},
```

```
...        {$addFields:{x:0}}
...        ],{allowDiskUse: true});
mongo> mongoTuning.aggregationExecutionStats(exp);

1  IXSCAN ( d_1 ms:97 keys:1000000 nReturned:1000000)
2  FETCH ( ms:500 docsExamined:1000000 nReturned:1000000)
3  $ADDFIELDS ( ms:3316 returned:1000000)

Totals:  ms: 3358  keys: 1000000  Docs: 1000000
```

排序属性上有一个索引，我们可以使用该索引来优化排序操作。但是，如果我们在排序之前移动 $addFields 操作，那么聚合操作将无法利用索引，并且会发生代价高昂的"磁盘排序"：

```
mongo> var exp=db.baseCollection.explain('executionStats').
...        aggregate([
...        {$addFields:{x:0}},
...        { $sort:{  d:1 }},
... ],{allowDiskUse: true});

mongo> mongoTuning.aggregationExecutionStats(exp);

1  COLLSCAN ( ms:16 docsExamined:1000000 nReturned:1000000)
2  $ADDFIELDS ( ms:1164 returned:1000000)
3  $SORT ( ms:12125 returned:1000000)

Totals:  ms: 12498  keys: 0  Docs: 1000000
```

图 7-5 比较了上述两种聚合操作的性能。将排序操作移至聚合管道的开头可以避免代价高昂的磁盘排序并显著减少消耗的时间。

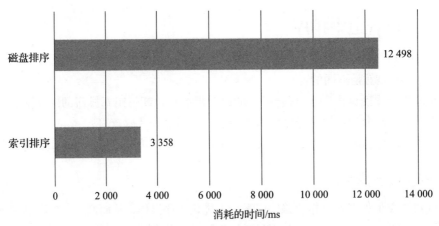

图 7-5　聚合管道中的磁盘排序与索引排序

💿 提示　将支持索引的排序操作移动到聚合管道中尽可能靠前的位置，可以避免代价高昂的磁盘排序操作。

7.4.2　磁盘排序

如果没有支持排序的索引并且排序操作的内存限制超过 100MB，那么你将收到 QueryE
xceededMemoryLimitNoDiskUseAllowed 错误：

```
mongo>var exp=db.baseCollection.
...     aggregate([
...        { $sort:{  d:1 }},
...        {$addFields:{x:0}}
...     ],{allowDiskUse: false});
2020-08-22T15:36:01.890+1000 E  QUERY    [js] uncaught exception: Error:
command failed: {
       "operationTime" : Timestamp(1598074560, 3),
       "ok" : 0,
       "errmsg" : "Error in $cursor stage :: caused by :: Sort exceeded
memory limit of 104857600 bytes, but did not opt in to external sorting.",
       "code" : 292,
       "codeName" : "QueryExceededMemoryLimitNoDiskUseAllowed",
```

如果可以使用索引来支持前面这种排序，那么这通常是最好的解决方案。然而，在复
杂的聚合管道中，这并不一定可以实现，因为要排序的数据可能是管道前面阶段才产生的结
果。在这种情况下，我们有两个选择：

❏ 通过指定 allowDiskUse:true 来使用"磁盘排序"。
❏ 通过更改 internalQueryMaxBlockingSortMemoryUsageBytes 参数来增加阻塞排序
的全局限制。

更改 MongoDB 默认内存参数时应格外小心，因为存在导致服务器内存不足的风险，这
可能会使全局性能变差。但是，100MB 在现在并不算大内存，因此增加参数值可能是最好
的选择。在这里，我们将最大排序内存增加到 1GB：

```
mongo>db.getSiblingDB("admin").
...     runCommand({ setParameter: 1,
internalQueryMaxBlockingSortMemoryUsageBytes: 1048576000 });
{
       "was" : 104857600,
       "ok" : 1,
...
```

图 7-6 展示了当我们增加 internalQueryMaxBlockingSortMemoryUsageBytes 以避免磁
盘排序时，示例查询的性能是如何提高的。

磁盘排序要考虑的另一个问题是可扩展性。如果你设置了 diskUsage:true，那么你可
以放心，即使没有足够的内存来完成排序，查询也会运行。但是，当查询从内存排序切换到
磁盘排序时，性能会突然下降。在生产环境中，应用程序似乎突然"碰壁"了。

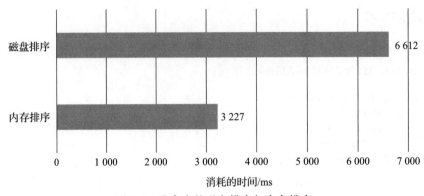

图 7-6　聚合中的磁盘排序与内存排序

　　图 7-7 展示了与有足够内存支持排序时的相对线性趋势相比，切换到磁盘排序会如何导致执行时间突然跳跃。

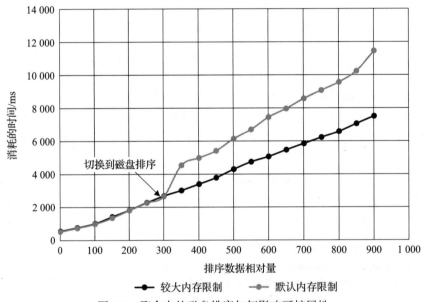

图 7-7　聚合中的磁盘排序如何影响可扩展性

> 💡**提示**　聚合管道中的磁盘排序既成本高昂又速度缓慢。如果你想提高大型聚合排序的性能，则可以通过增加聚合排序的默认内存限制来实现。

7.5　优化视图

　　如果你以前使用过 SQL 数据库，那么你可能熟悉视图的概念。在 MongoDB 中，视图是一种**综合集合**，它包含聚合管道的结果。从查询的角度来看，视图看起来就像一个普通的集合，只是它们是只读的。

创建视图的主要优点是可以通过在数据库中存储复杂的管道定义来简化和统一应用程序逻辑。

在性能方面，重要的是要了解创建视图时，结果不会存储在内存中，也不会复制到新集合中。当查询视图时，仍在查询原始集合。MongoDB 将采用为视图定义的聚合管道，然后附加其他查询参数，创建一个新管道。这是查询视图的外在表现，但在幕后，仍在执行复杂的聚合管道。

因此，与执行定义视图的管道相比，创建视图不会带来性能优势。因为视图本质上是只针对集合的聚合操作，所以优化视图的方法与优化聚合操作的方法相同。如果视图表现不佳，请使用本章前面描述的方法优化定义视图的管道。

在针对视图编写查询时，请记住，在针对视图执行查询时，通常不能利用构建视图的集合上的索引。例如，考虑以下按订单数量聚合产品代码的视图：

```
db.createView('productTotals', 'lineitems', [
  { $group: {
      _id: { prodId: '$prodId' },
      'itemCount-sum': { $sum: '$itemCount' }
    }
  },
  { $project: {
      ProdId: '$_id.prodId',
      OrderCount: '$itemCount-sum',
      _id: 0
    }
  }]);
```

我们可以使用此视图来查找特定产品代码的总数：

```
mongo> db.productTotals.find({ ProdId: 83 });
{
  "ProdId": 83,
  "OrderCount": 460051
}
```

但是，即使 lineItems 集合中的 prodId 上有索引，从视图查询时也不会使用该索引。即使我们只要求一个产品代码，MongoDB 也会在返回结果之前汇总来自所有产品的数据。

尽管更冗长，但下面的聚合管道将使用 ProdId 上的索引，因此将更快地返回数据：

```
db.lineitems.aggregate(
  [ { $match: { prodId: 83 }},
    { $group: {
        _id: { prodId: '$prodId' },
        'itemCount-sum': { $sum: '$itemCount' }  }
    },
```

```
    { $project: {
        ProdId: '$_id.prodId',
        OrderCount: '$itemCount-sum',
        _id: 0
      }
    }
  ]);
```

 提示 在执行查询时，视图无法总是利用构建视图的集合上的索引。如果从视图中查询在基础集合中被索引的属性，则绕过视图直接查询基础集合可能会获得更好的性能。

物化视图

正如我们所讨论的，MongoDB 视图不会提高查询性能，并且在某些情况下，实际上可能会因抑制索引而损害性能。即使视图只包含几个文档，查询仍然需要很长时间，因为每次查询视图时都需要重新构建数据。

物化视图在这里提供了一种解决方案——尤其是当视图从大量源集合中返回少量聚合信息时。物化视图是一个集合，其中包含将根据视图定义返回的文档，但将视图结果存储在数据库中，因此每次读取数据时都不必执行视图。

在 MongoDB 中，我们可以使用 $merge 或 $out 聚合运算符来创建物化视图。$out 将目标集合完全替换为聚合的结果。$merge 为现有集合提供了一种"upsert"，允许对目标集合进行增量更改。我们将在第 8 章详细介绍 $merge。

要创建物化视图，我们只需运行通常用于定义视图的聚合管道，但是，作为聚合的最后一步，我们使用 $merge 将结果文档输出到集合中。通过运行这个聚合管道，我们可以创建一个新的集合，该集合在执行时反映另一个集合中数据的聚合。然而，与视图不同的是，这个集合可能要小得多，从而提高了性能。

我们看一个例子。以下是一个复杂的管道，可按产品和城市汇总销售情况：

```
db.customers.aggregate([
  { $lookup:
    { from:         "orders",
      localField:   "_id",
      foreignField: "customerId",
      as:           "orders"  } },
  { $unwind:  "$orders" },
  { $lookup:
    { from:         "lineitems",
      localField:   "orders._id",
      foreignField: "orderId",
      as:           "lineItems"  }  },
  { $unwind:  "$lineItems" },
  { $group:{ _id:{ "City":"$City" ,
```

```
                    "lineItems_prodId":"$lineItems.prodId"  },
              "count":{$sum:1},
              "lineItems_itemCount-sum":{$sum:"$lineItems.itemCount"} } },
   { $project: {
        "CityName": "$_id.City"  ,
        "ProductId": "$_id.lineItems_prodId"  ,
        "OrderCount": "$lineItems_itemCount-sum"  ,
        "_id": 0}  }
   ] );
```

如果将以下 $merge 操作[⊖]添加到该管道，那么将创建集合 salesByCityMV，其中包含聚合操作的输出：

```
{$merge:
     {          into:"salesByCityMV"}}
```

图 7-8 展示了从物化视图查询与从普通视图查询消耗的时间对比。可以看到，物化视图的性能要优越得多。这是因为在执行最终查找查询时，大部分工作已经完成了。

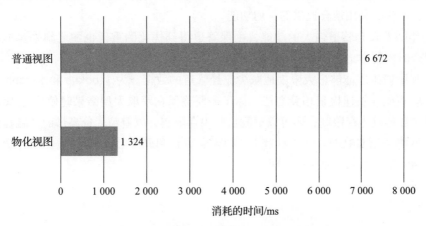

图 7-8　物化视图与直接视图（普通视图）

这种方法有一个明显的弱点：如果原始集合中的数据更改了，物化视图就过期了。确保物化视图以合理的间隔时间进行刷新是应用程序或数据库管理员的责任。例如，物化视图可能包含前一天的访问销售记录。聚合操作可以在每晚午夜运行，以确保数据在每一天都是正确的。

 提示　对于查询速度比时间点准确性更重要的复杂聚合，物化视图提供了一种强大的方式来对聚合输出进行快速访问。

⊖　合并操作还有很多处理现有数据的额外选项，见第 8 章。

创建物化视图时，确保视图的刷新频率不会比该视图上的查询频率更高。数据库仍然需要使用资源来创建视图，因此几乎没有理由每小时刷新一次可能每天只查询一次的物化视图。

如果源表不经常更新，则可以安排物化视图在检测到更新时自动刷新。MongoDB Change Stream 工具允许你侦听集合中的更改。当收到更改通知时，就可以触发物化视图的重建操作。

第 8 章将介绍 $merge 运算符的更多用法。

7.6　小结

MongoDB 创建了一种非常强大的方法来使用聚合框架构造复杂的查询。经过多年的发展，开发人员扩展了这个框架以支持更广泛的使用场景，甚至可以处理一些以前只能在应用程序层面进行的数据转换。就像过去一样，aggregate 命令将随着时间的推移而不断完善，以适应越来越复杂的场景。考虑到这一点，如果你希望创建一个高级且高性能的 MongoDB 应用程序，则应该利用聚合提供的一切功能。

但是伴随着聚合管道强大的功能，确保管道得到优化的重任也随之到来。本章概述了在创建聚合时需要牢记的一些关键性能问题。

过滤和阶段排序能够最大限度地减少流经管道的数据。为 $lookup 和 $graphLookup 索引相关字段将确保快速检索相关文档。你还需要确保在获取大型结果时使用 allowDiskUse 选项，以避免超过内存限制；还可以更改这些内存限制，以避免代价高昂的"磁盘排序"。

第 8 章将介绍 CRUD 的 C、U 和 D（创建、更新和删除），并考虑数据操作语句（例如插入、更新和删除语句）的优化问题。

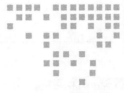

第 8 章 *Chapter 8*

插入、更新和删除

本章将研究与数据操作语句的性能相关的问题。这些语句（insert、update 和 delete）会更改 MongoDB 数据库中包含的信息。

即使在事务处理环境中，大多数数据库活动也与数据检索有关。你必须找到数据才能更改或删除它，甚至插入操作也经常涉及查询以获取查找键或嵌入保存在其他集合中的数据。因此，大部分调优工作通常都涉及查询优化。

尽管如此，MongoDB 中有一些针对数据操作的优化，我们将在本章中介绍它们。

8.1　基础知识

所有数据操作语句的开销都直接受以下因素影响：

❑ 语句中包含的过滤条件子句的效率。

❑ 由于语句而必须执行的索引维护的数量。

8.1.1　过滤器优化

修改和删除文档所涉及的大量开销是在锁定要处理的文档时产生的。delete 和 update 语句通常包含过滤子句，用于标识要删除或更新的文档。优化这些语句性能的第一步显然是使用前面章节中讨论的原则优化这些过滤子句。特别是，考虑为过滤条件中包含的属性创建索引。

提示 如果更新或删除语句包含过滤条件，请确保使用第 6 章中概述的原则优化过滤条件。

8.1.2 解释数据操作语句

在数据操作语句上使用 explain() 是可行的，而且绝对是可取的。对于 delete 和 update 命令，explain() 将显示 MongoDB 如何找到要处理的文档。例如，我们看一个 update 语句，它将使用集合扫描来查找要处理的行：

```
mongo> var exp=db.customers.explain().
                update({viewCount:{$gt:50}},
                      {$set:{discount:10}},{multi:true});
mongo> mongoTuning.quickExplain(exp);

1   COLLSCAN
2   UPDATE
```

我们还可以安全地使用 explain() 的 executionStats 模式。尽管 executionStats 执行了相关语句并报告了将要修改的文档数量，但它实际上并没有修改任何文档。

在以下示例中，explain() 报告有 45 个文档匹配过滤条件并被更新：

```
mongo> var exp=db.customers.explain('executionStats').
...             update({viewCount:{$gt:50}},
...                   {$set:{discount:10}},{multi:true});
mongo> mongoTuning.executionStats(exp);

1   COLLSCAN ( ms:29 docs:411121)
2   UPDATE ( ms:31 upd:45)

Totals:  ms: 385  keys: 0  Docs: 411121
```

8.1.3 索引开销

尽管索引可以显著提高查询性能，但它们会降低更新、插入和删除语句的性能。当插入或删除文档时，通常会更新集合的所有索引，并且当更新语句更改了索引中出现的任何属性时，也必须修改索引。

因此，重要的是所有索引都要有助于提高查询性能，否则我们没必要构建这些索引，因为这些索引会不必要地降低更新、插入和删除语句的执行性能。特别是，在为频繁更新的属性创建索引时应该特别小心。一个文档只能插入或删除一次，但可以多次更新。因此，频繁更新的属性或具有非常高的插入 / 删除率的集合上的索引将需要特别高的成本。

图 8-1 说明了索引对插入和删除语句性能的影响，展示了随着更多索引添加到集合中，插入然后删除 100 000 个文档所花费的时间的变化趋势。

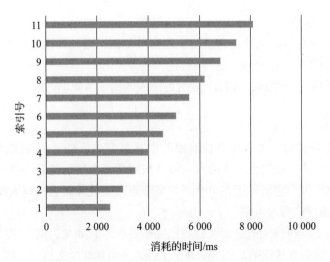

图 8-1　索引对插入 / 删除语句性能的影响

 提示　索引总是会增加插入和删除语句的开销，并且可能会增加更新语句的开销。要避免
过度索引，尤其是经常更新的列上的索引。

8.1.4　找到未使用的索引

查询调优过程通常会导致创建大量索引，有时可能会出现冗余和未使用的索引。使用
$indexStats 聚合命令可以查看索引利用率：

```
mongo>db.customers.aggregate([
...    { $indexStats: {} },
...    { $project: { name: 1,
                    'accesses.ops': 1 } }]);
{ "name" : "LastName_1_FirstName_1",
      "accesses" : { "ops" : NumberLong(2068) } }
{ "name" : "_id_", "accesses" : { "ops" : NumberLong(1442414) } }
{ "name" : "updateFlag_1", "accesses" : { "ops" : NumberLong(0) } }
```

从这个输出，我们可以看到 updateFlag_1 索引自上次启动 MongoDB 服务器以来没有
参与任何操作。我们可能要考虑删除该索引。但是，请记住，如果服务器最近重新启动过，
或者此索引支持周期性查询并且上次查询发生在服务器重新启动之前，则此操作计数器可能
会产生误导信息。

提示　定期使用 $indexStats 来识别未使用或未充分利用的索引。这些索引不但没有加速
查询反而减慢了数据操作速度。

这里有一些例外情况：

❑ 唯一索引的存在可能纯粹是为了防止创建重复值，因此即使它对查询性能没有贡献，也是有价值的。

❑ **生存时间**（Time To Live，TTL）索引可能同样用于清除旧数据，而不是加速查询。

8.1.5 写入策略

在集群中操作数据时，写入策略控制集群中有多少成员必须在将控制权返回给应用程序之前确认该写入操作。指定大于 1 的写入策略级别通常会增加延迟并降低吞吐量，但会导致写入操作更可靠，因为它消除了在单个副本集节点发生故障时丢失写入操作的可能性。我们将在第 13 章详细讨论写入策略。

通常，不应为了获得性能改进而牺牲数据完整性。尽管如此，值得记住的是写入策略对数据操作语句的性能有直接影响。图 8-2 展示了插入 100 000 个文档时不同写入策略的效果。

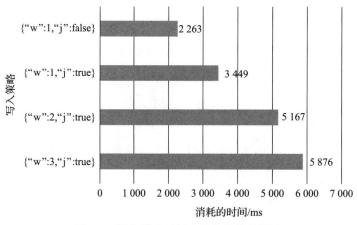

图 8-2　写入策略对插入语句性能的影响

> ⚠️ **警告**　调整写入策略可以提高性能，但可能会以牺牲数据完整性或安全性为代价。除非你完全了解这些权衡，否则不要调整写入策略来提高性能。

8.2 插入

将数据插入 MongoDB 数据库是取出数据的必要先决条件，而插入数据容易受到各种瓶颈问题和调优机会的影响。

8.2.1 批处理

第 6 章介绍了如何使用批处理来优化从 MongoDB 服务器获取数据的性能。我们使用批处理来确保不会产生不必要的网络往返行为，确保每次网络传输都具有"满"负载。如果批大小为 1000，则网络传输量是批大小为 10 时的 1/100。

同理，批处理也适用于插入数据的操作。我们希望确保将数据成批推送到 MongoDB，这样就不会产生不必要的网络往返行为。不幸的是，虽然 MongoDB 可以在我们发出 find() 时自动向我们发送批信息，但对于 insert，我们需要手动构建批信息。

例如，考虑以下代码：

```
myDocuments.forEach((document)=>{
  db.batchInsert.insert(document);
});
```

对于 myDocuments 中的每个文档，我们发出一条 MongoDB insert 语句。如果有 10 000 个文档，我们将发出 10 000 次 MongoDB 调用，因此会产生 10 000 次网络往返。这种情况下，性能会很糟糕。

在一次数据库调用中插入所有文档会更好。这可以通过 insertMany 命令简单完成：

```
db.batchInsert.insertMany(db.myDocuments.find().toArray());
```

此时，性能会更好。在简单的测试用例中，它的返回时间不到"一次只插入一个文档"方法所用时间的 10%。

但是，我们不能总是一次插入所有数据。对于流式应用程序或者要插入的数据量很大的情况，我们可能无法在插入之前将数据全部累积在内存中。在这种情况下，我们可以使用 MongoDB 批量（bulk）操作。

批量对象由集合方法创建。我们可以增量地插入批量对象，然后使用批量对象的 execute 方法将批量对象推送到数据库中。以下代码对前面示例中使用的数据数组执行此任务。数据按照每批 1000 个分批插入：

```
var bulk = db.batchInsert.initializeUnorderedBulkOp();
var i=0;
myDocuments.forEach((document)=>{
  bulk.insert(document);
  i++;
  if (i%1000===0) {
    bulk.execute();
    bulk = db.batchInsert.initializeUnorderedBulkOp();
  }
});
bulk.execute;
```

图 8-3 显示了"一次只插入一个文档""一次插入所有文档"和批处理插入的相对性能。

 提示　永远不要采用"一次只插入一个文档"的方式插入重要的数据。尽可能使用批处理插入以减少网络开销。

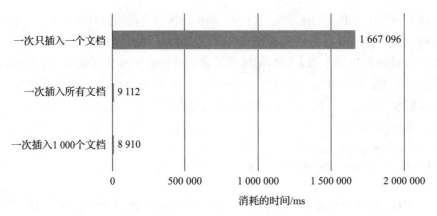

图 8-3　通过批处理插入（10 000 个文档）获得的性能提升

8.2.2　克隆数据

有时，你可能希望将集合中一组文档中的数据复制（克隆）到同一集合或另一个集合中。

例如，在电子商务应用程序中，你可能会实现一个"重复订单"按钮——它将某个订单的所有产品项复制到一个新订单中。

我们可以使用下面的逻辑来实现这样的便利：

```
function repeatOrder(orderId) {
  let newOrder = db.orders.findOne({ _id: orderId },
                 { _id: 0 });
  let orderInsertRC = db.orders.insertOne(newOrder);
  let newOrderId = orderInsertRC.insertedId;
  let newLineItems = db.lineitems.
    find({ orderId: orderId },
      { _id: 0 }).toArray();
  for (let li = 0; li < newLineItems.length; li++) {
    newLineItems[li].orderId = newOrderId;
  }
  db.lineItems.insertMany(newLineItems);
  return newOrderId;
}
```

此函数检索现有产品项，然后使用新订单 ID 进行修改，最后将各项插入集合中。如果订单有很多项，那么最大瓶颈将是从数据库中获取产品项然后将这些产品项推送到新订单中所涉及的网络延迟。

从 MongoDB 4.4 开始，我们可以使用聚合框架管道的替代技术来复制数据。这种方法的优点是不需要将数据移出数据库——复制过程发生在数据库服务器内，没有任何网络开销。$merge 运算符允许我们根据聚合管道的输出执行插入操作。

聚合替代方案的示例如下：

```
function repeatOrder(orderId) {
  let newOrder = db.orders.findOne({ _id: orderId }, { _id: 0 });
  let orderInsertRC = db.orders.insertOne(newOrder);
  let newOrderId = orderInsertRC.insertedId;
  db.lineitems.aggregate([
    {
      $match: {
        orderId: { $eq: orderId }
      }
    },
    {
      $project: {
        _id: 0,
        orderId: 0
      }
    },
    { $addFields: { orderId: newOrderId } },
    {
      $merge: {
        into: 'lineitems'
      }
    }
  ]);
  return newOrderId;
}
```

此函数使用 $merge 管道运算符将管道的输出推回集合中。图 8-4 比较了两种方法的性能。对于超过 500 次的数据复制操作，使用 $merge 聚合方法所用时间大致减半。

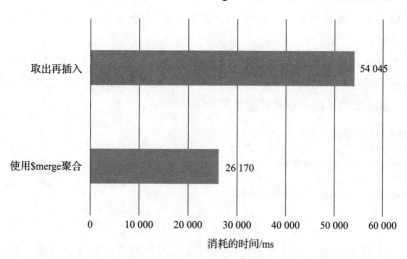

图 8-4　使用聚合 $merge 管道加速数据复制过程（500 个文档）

MongoDB $out 聚合运算符提供了与 $merge 类似的功能，尽管它不能将数据插入源集合中，而且执行 upsert 类型合并的选项更少，我们在本章后面会谈到。

💿提示　当插入从集合中的数据派生的批量数据时，请使用聚合框架 $out 和 $merge 运算符来避免跨网络移动数据。

8.2.3　从文件加载

MongoDB 提供的 mongoimport 和 mongorestore 命令可以从 JSON 文件、CSV 文件或 mongodump 的输出加载数据。

无论使用哪种方法，此类数据加载中最重要的因素通常都是网络延迟。压缩文件，通过网络将其移动到 MongoDB 服务器主机，解压然后运行导入语句，总是比直接从另一台服务器导入要快。

对于 MongoDB Atlas，我们无法将文件直接移动到 Atlas 服务器上。但是，在同一区域中创建虚拟机并从该机器实施负载可以显著提升性能。

8.3　更新

一个文档只能插入或删除一次，但可以多次更新。因此，更新优化是 MongoDB 性能调优的一个重要方面。

8.3.1　动态值批量更新

有时，你可能需要更新集合中的多行，其中要设置的值取决于文档中的其他属性或另一个集合中的值。

例如，假设我们想在视频流 customers 集合中插入"观看次数"信息。对于每个客户，要设置的值是不同的，因此我们可能会检索每个客户文档，然后使用 views 数组中的元素个数更新同一个客户文档。以上逻辑可能看起来像这样：

```
db.customers.find({}, { _id: 1, views: 1 }).
  forEach(customer => {
  let updRC=db.customers.update(
    { _id: customer['_id'] },
    { $set: { viewCount: customer.views.length } }
  );
});
```

该解决方案易于编码，但性能不佳：我们必须通过网络提取大量数据，并且必须执行与客户数一样多的更新语句。然而，在 MongoDB 4.2 之前，这可能是最好的解决方案。

但是，从 MongoDB 4.2 开始，我们能够在更新语句中嵌入聚合管道。这些管道允许我们设置源自（或依赖于）文档中其他值的值。例如，我们可以使用以下单条语句填充 viewCount 属性：

```
db.customers.update(
        {},
        [{ $set: { viewCount: { $size: '$views' } } }],
        {multi: true});
```

图 8-5 比较了两种方法的性能。聚合管道将执行时间减少了大约 95%。

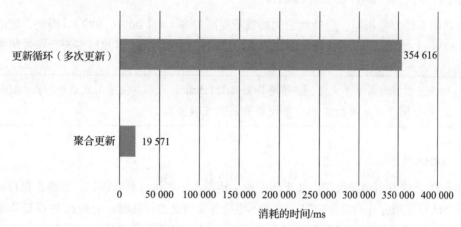

图 8-5　使用聚合管道与多次更新方法的比较（大约 411 000 个文档）

🎯 提示　当需要根据现有值动态更新数据时，请考虑在更新语句中使用嵌入式聚合管道。

8.3.2　multi:true 标志

MongoDB update 命令接受一个 multi 参数，该参数决定是否在操作中更新多个文档。当设置为 multi:false 时，MongoDB 将在单个文档更新后立即停止处理。

以下示例展示了一个不带 multi 标志的更新语句：

```
mongo> var exp = db.customers.
...     explain('executionStats').
...     update({ flag: true }, { $set: { flag: false } });
mongo> mongoTuning.executionStats(exp);

1   COLLSCAN ( ms:1 docs:9999)
2   UPDATE ( ms:1 upd:1)

Totals:  ms: 10  keys: 0  Docs: 9999
```

MongoDB 会扫描集合，直到找到匹配的值，然后执行更新操作。一旦找到该文档，扫描就会结束。

如果我们知道只有一个值需要更新，但是却包含 multi:true，我们将看到以下执行计划：

```
mongo> var exp = db.customers.
...     explain('executionStats').
...     update({ flag: true }, { $set: { flag: false } },
...             {multi:true});
mongo> mongoTuning.executionStats(exp);

1   COLLSCAN ( ms:35 docs:411119)
2   UPDATE ( ms:35 upd:1)

Totals:  ms: 368  keys: 0  Docs: 411119
```

更新的文档数量相同，但处理的文档数量要高得多（411 000 对 999）。因此，该语句需要更长的时间才能运行。更新操作在初始更新后继续扫描集合，寻找更多符合条件的文档。

 提示　如果只打算更新单个文档，请不要设置 multi:true。如果涉及索引或集合扫描，MongoDB 可能会执行不必要的工作以查找要更新的其他文档。

8.3.3　upsert

upsert 允许发出单条语句，如果匹配的文档存在，则执行更新语句；否则，执行插入语句。当尝试将文档合并到集合中时，或者不想检查文档是否存在时，upsert 可以提高性能。

例如，如果我们正在将数据加载到集合中，但不知道是需要插入还是替换，则可能会实现如下逻辑：

```
db.source.find().forEach(doc => {
  let matchingDocs = db.target.count({ _id: doc['_id'] });

  if (matchingDocs === 0) {
    db.target.insert(doc);
    inserts++;
  } else {
    db.target.update({ _id: doc['_id'] }, doc,
                     { multi: false });
    updates++;
  }
});
```

寻找匹配的值，如果找到，则执行更新语句；否则，执行插入语句。

upsert 将插入操作和更新操作组合到一个操作中，并且无须首先检查匹配值。以下是 upsert 逻辑：

```
db.source.find().forEach(doc => {
  let returnCodes = db.target.update({ _id: doc['_id'] }, doc,
          {upsert: true});
  inserts += returnCodes.nUpserted;
  updates += returnCodes.nModified;
});
```

新的逻辑更简单，也减少了需要处理的数据库命令的数量。通过远程网络连接，upsert 解决方案要快得多。图 8-6 比较了两种方法的性能。

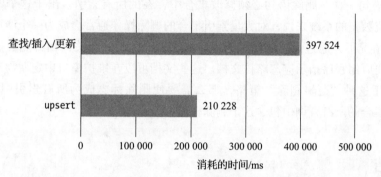

图 8-6　查找 / 插入 / 更新与 upsert 的性能比较（10 000 个文档）

> 提示　如果不确定是插入文档还是更新文档，请使用 upsert 而不是条件插入 / 更新语句。

8.3.4　使用 $merge 的批量 upsert

图 8-6 中比较的是一次性插入或更新一个文档的解决方案。单个文档处理比批量处理需要更长的时间，因此如果能够在单个操作中插入或更新多个文档会更好。

从 MongoDB 4.2 开始，我们可以使用 $merge 来完成插入操作，当然，前提是输入数据已在 MongoDB 集合中。$merge 操作很像 upsert，允许我们在有匹配文档时更新文档，无匹配文档时插入文档。这种逻辑可以通过以下语句在单个 $merge 操作中实现：

```
db.source.aggregate([{$merge:
              {      into:"target",
                       on: "_id",
                whenMatched:"replace",
            whenNotMatched:"insert"}}]);
```

聚合管道速度快得惊人。除了减少必须执行的 MongoDB 语句的数量并允许批量处理外，聚合管道还避免了通过网络移动数据。图 8-7 展示了使用 $merge 可以实现的性能提升。

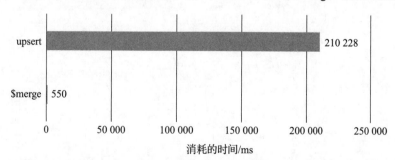

图 8-7　多个 upsert 与单个 $merge 语句的性能比较（10 000 个文档）

8.4　删除

与插入语句一样，删除语句必须修改集合中存在的所有索引。出于这个原因，对于处理大量临时流数据的系统来说，对大量索引集合的删除操作通常会成为一个严重的问题。

在这种情况下，通过设置删除标志来"从逻辑上"删除相关文档可能会很有用。删除标志可用于向应用程序指示应忽略该文档。这些文档可以在维护窗口中定期物理性地删除。

如果采用这种"逻辑删除"策略，那么需要使删除标志成为所有索引中的一个属性，并在针对该集合的所有查询中包含这个删除标志。

8.5　小结

本章介绍了如何优化数据操作语句——insert、update 和 delete。

数据操作吞吐量在很大程度上取决于集合上的索引数量。用于加快查询速度的索引会减慢数据操作语句的速度，因此请确保每个索引都能恰当地发挥作用。

update 和 delete 语句需要事先执行过滤条件，优化这些过滤条件的原理与 find() 和聚合 $match 操作的原理相同。

插入数据时，请确保分批插入，并尽可能使用聚合管道（如果插入的是来自另一个集合的数据）。聚合管道还可以极大地改进 MongoDB 中已有数据的批量更新操作。

事　务

事务在 MongoDB 中是新事物，但在 SQL 数据库中已经存在了 30 多年。事务用于维护数据库系统中的一致性和正确性，这些系统容易受到多个用户发出的并发更改命令的影响。

事务通常会以降低**并发性**为代价提高**一致性**。因此，事务对数据库性能有很大的影响。

本章内容不能作为编写事务的教程。要了解如何编写事务，请参阅 MongoDB 手册中有关事务的部分[⊖]。本章重点介绍如何最大化事务吞吐量，以及如何最小化事务等待时间。

9.1　事务理论

数据库通常使用两种主要的架构模型来满足一致性要求，两种事务模型分别为 ACID 事务模型和多版本并发控制（Multi-Version Concurrency Control，MVCC）模型。

ACID 事务模型是在 20 世纪 80 年代开发的。ACID 事务具有：

❏ **原子性**（Atomic）：事务是不可分割的——要么将事务中的所有语句都应用于数据库，要么不应用任何语句（即要么都执行，要么都不执行）。

❏ **一致性**（Consistence）：数据库在事务执行前后保持一致状态。

❏ **隔离性**（Isolated）：虽然一个或多个用户可以同时执行多个事务，但事务不应受到其他正在进行的事务的影响。

❏ **持久性**（Durable）：一旦将事务保存到数据库（通常通过 COMMIT 命令保存），即使操作系统或硬件出现故障，它的更改也是有效的。

实现 ACID 一致性最简单的方法是使用**锁**。使用基于锁的一致性，如果会话正在读取

⊖　https://docs.mongodb.com/manual/core/transactions/。

某一项，那么没有其他会话可以修改它；如果会话正在修改某一项，那么没有其他会话可以读取它。但是，基于锁的一致性会导致不可接受的高争用和低并发后果。

为了在不过度锁定的情况下提供 ACID 一致性，现代数据库系统几乎普遍采用了**多版本并发控制**（MVCC）模型。在 MVCC 模型中，数据的多个副本会标记时间戳或更改标识符，允许数据库在给定时间点构建数据库的**快照**。通过这种方式，MVCC 提供了事务隔离性和一致性，同时最大限度地提高了并发性。

例如，在 MVCC 中，如果数据库表在会话开始读取表和会话结束期间发生修改，数据库将使用以前版本的表数据来确保会话看到一致的版本。MVCC 还意味着在事务提交之前，其他会话看不到该事务的修改——其他会话只能查看旧版本的数据。这些较旧的数据副本也用于回滚未成功完成的事务。

图 9-1 展示了 MVCC 模型。数据库会话 1 在时间 t_1 启动事务（①）。在时间 t_2，会话更新文档（②）：这将创建该文档的新版本（③）。大约在同一时间，第二个数据库会话开始查询该文档，但由于第一个会话的事务尚未提交，因此它们看到的是先前版本的文档（④）。在第一个会话提交事务（⑤）后，数据库会话 2 将从修改版本的文档中读取数据（⑥）。

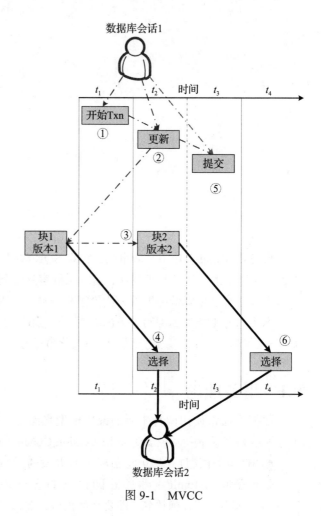

图 9-1　MVCC

9.2　MongoDB 事务

你可能已经在其他数据库（MySQL、PostgreSQL 或其他 SQL 数据库）中使用过事务，并且对这些基本原则有一定的理解。MongoDB 事务表面上类似于 SQL 数据库事务；然而，在幕后，实现有很大不同。

SQL 数据库和 MongoDB 中的事务之间的两个重要区别是：

❑ 最初（在 MongoDB 4.4 之前），MongoDB 没有在磁盘上维护多个版本的块来支持

MVCC。相反，块被保存在 WiredTiger 缓存中。

❑ MongoDB 不使用阻塞锁来防止事务之间的冲突。相反，它使用 `TransientTransac-`
`tionError` 来中止可能导致冲突的事务。

9.2.1　事务限制

MongoDB 使用图 9-1 中概述的 MVCC 机制来确保事务看到数据库的独立且一致的表
示。这种快照隔离确保事务看到一致的数据视图，并且会话不会观察到未提交的事务。这种
MongoDB 隔离机制称为**快照**读相关操作。

大多数实现 MVCC 系统的关系数据库使用基于磁盘的"前映像"或"回滚"段来存储创建
这些数据库快照所需的数据。在这些数据库中，快照的"寿命"仅受磁盘上可用磁盘空间的限制。

然而，最初的 MongoDB 实现依赖于 WiredTiger 基于内存的缓存中保存的数据副本。
因此，MongoDB 无法可靠地维护长时间运行事务的数据快照。为了避免 WiredTiger 的内存压
力，事务默认限制为 60s 的持续时间。可以通过更改 `transactionLifetimeLimitSeconds` 参数
来修改此限制。在 MongoDB 4.4 中，快照数据可以写入磁盘，但默认事务时间限制仍为 60s。

9.2.2　TransientTransactionError

几乎无一例外，像 PostgreSQL 或 MySQL 这样的关系数据库都使用锁来实现事务一致
性。图 9-2 展示了它的工作原理。当会话修改表中的某行时，它会对该行加锁以防止并发修
改。如果第二个会话试图修改同一行，它必须等到锁被释放时，即原始事务提交时。

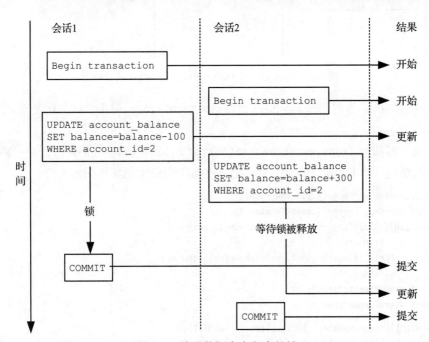

图 9-2　关系数据库事务中的锁

　　许多开发人员都熟悉关系数据库的阻塞锁，并且可能认为 MongoDB 会做同样的事情。但是，MongoDB 的方法完全不同。在 MongoDB 中，当第二个会话尝试修改在另一个事务中修改的文档时，它不会等待锁被释放。相反，它会接收 TransientTransactionError 事件。然后，第二个会话必须重试事务（最好在第一个事务完成后）。

　　图 9-3 展示了 MongoDB 范例。当会话更新文档时，它不会锁定它。但是，如果第二个会话尝试修改事务中的文档，则会抛出 TransientTransactionError。

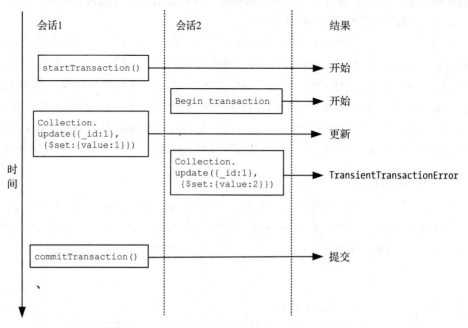

图 9-3　MongoDB TransientTransactionError

　　由应用程序决定如何处理 TransientTransactionError，但推荐的方法是重试事务直到最终成功。

　　下面是一些演示 TransientTransactionError 范例的代码。代码片段创建了两个会话，每个会话都在自己的事务中。然后，我们尝试在每个事务中更新相同的文档。

```
var session1=db.getMongo().startSession();
var session2=db.getMongo().startSession();
var session1Collection=session1.getDatabase(db.getName())
          .transTest;
var session2Collection=session2.getDatabase(db.getName())
          .transTest;
session1.startTransaction();
session2.startTransaction();

session1Collection.update({_id:1},{$set:{value:1}});
session2Collection.update({_id:1},{$set:{value:2}});
```

```
session1.commitTransaction();
session2.commitTransaction();
```

当第二条 update 语句开始执行时，MongoDB 会抛出一个错误：

```
mongo>session1Collection.update({_id:1},{$set:{value:1}});
WriteCommandError({
        "errorLabels" : [
                "TransientTransactionError"
        ],
        "operationTime" : Timestamp(1596785629, 1),
        "ok" : 0,
        "errmsg" : "WriteConflict error: this operation conflicted
with another operation. Please retry your operation or multi-document
transaction.",
        "code" : 112,
        "codeName" : "WriteConflict",
```

9.2.3 MongoDB 驱动程序中的事务

从 MongoDB 4.2 开始，MongoDB 驱动程序通过自动重试事务隐藏了 TransientTransa-ctionError。例如，可以同时运行此 NodeJS 代码的多个副本，而不会遇到任何 Transient-TransactionError：

```
async function myTransaction(session, db, fromAcc,
                                toAcc, dollars) {
    try {
        await session.withTransaction(async () => {

            await db.collection('accounts').
              updateOne({ _id: fromAcc },
                { $inc: { balance: -1*dollars }  },
                { session });

            await db.collection('accounts').
              updateOne({ _id: toAcc },
                { $inc: { balance: dollars }  },
                { session });

        }, transactionOptions);
    } catch (error) {
        console.log(error.message);
    }
}
```

NodeJS 驱动程序以及其他语言（如 Java、Python、Go 等）的驱动程序会自动处理 TransientTransactionError 并重新提交任何中止的事务。但是，错误仍然是由 MongoDB 服务器发出的，我们可以在 MongoDB 日志中看到它们的记录：

```
~$ grep -i 'assertion.*writeconflict' \
```

```
              /usr/local/var/log/mongodb/mongo.log \
              |tail -1|jq
{
  "t": {
    "$date": "2020-08-08T14:04:47.643+10:00"
  },
  …
  "msg": "Assertion while executing command",
  "attr": {
    "command": "update",
    "db": "MongoDBTuningBook",
    "commandArgs": {
      "update": "transTest",
      "updates": [
        {
          "q": {
            "_id": 1
          },
          "u": {
            "$inc": {
              "value": 2
            }
          },
          "upsert": false,
          "multi": false
        }
      ],
      /* Other transaction information */
    },
    "error": "WriteConflict: WriteConflict error: this operation conflicted
with another operation. Please retry your operation or multi-document
transaction."
  }
}
```

在 NodeJS 驱动程序中，还可以记录服务器级调试消息[⊖]以查看在后台进行的中止事务。
当事务在后台中止时，在输出流中可以看到以下消息：

```
[DEBUG-Server:20690] 1596872732041 executing command [{"ns":"admin.$cmd","
cmd":{"abortTransaction":1,"writeConcern":{"w":"majority"}},"options":{}}]
against localhost:27017 {
  type: 'debug',
  message: 'executing command [{"ns":"admin.$cmd","cmd":{"abortTran
saction":1,"writeConcern":{"w":"majority"}},"options":{}}] against
localhost:27017',
  className: 'Server',
```

⊖ https://docs.mongodb.com/drivers/node/fundamentals/logging。

```
    pid: 20690,
    date: 1596872732041
}
```

其他驱动程序可能会提供类似的方法来查看事务重试情况。

在全局级别，重试过程在 db.serverStatus 计数器 transactions.totalAborted 中可见。
我们可以使用以下函数来检查启动、中止和提交的事务数：

```
function txnCounts() {
    var ssTxns = db.serverStatus().transactions;
    print(ssTxns.totalStarted + 0, 'transactions started');
    print(ssTxns.totalAborted + 0, 'transactions aborted');
    print(ssTxns.totalCommitted + 0, 'transactions committed');
    print(Math.round(ssTxns.totalAborted * 100 /
            ssTxns.totalStarted) + '% txns aborted');
}

mongo> txnCounts();
203628 transactions started
167989 transactions aborted
35639 transactions committed
82% txns aborted
```

9.2.4　TransientTransactionError 对性能的影响

TransientTransactionError 导致的重试代价高昂，它们不仅会丢弃迄今为止在事务中完成的任
何工作，而且还会将数据库状态恢复到事务开始时的状态。正是事务重试的影响让 MongoDB 事
务变得成本高昂，而非其他。图 9-4 显示，随着事务中止率的增加，事务消耗的时间迅速增加。

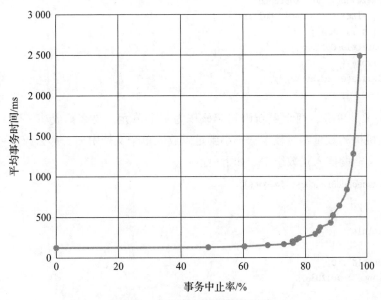

图 9-4　中止事务对性能的影响

注意 MongoDB 事务模型涉及中止与其他事务冲突的事务。这些中止操作成本高昂，是 MongoDB 事务性能的主要瓶颈。

9.3 事务优化

鉴于 TransientTransactionError 重试对事务性能有如此严重的影响，因此我们需要尽一切可能减少这些重试行为。我们可以采用以下几种策略：

❏ 完全避免事务。

❏ 对操作进行排序以最小化冲突操作的数量。

❏ 将容易导致高写入冲突的"热"文档分区。

9.3.1 避免事务

你可能不需要使用 MongoDB 事务来实现事务结果。例如，考虑以下事务，它在银行应用程序中的分支机构之间转移资金：

```
try {
    await session.withTransaction(async () => {
        await db.collection('branches').
            updateOne({ _id: fromBranch },
                { $inc: { balance: -1*dollars } },
                { session });
        await db.collection('branches').
            updateOne({ _id: toBranch },
                { $inc: { balance: dollars } },
                { session });
    }, transactionOptions);
} catch (error) {
    console.log(error.message);
}
```

它看起来像是事务，两个更新语句应该作为一个单元，要么都成功，要么都失败。但是，如果分支机构的数量相对较少——小到足以放入单个文档中——那么我们可以将所有余额存储在单个文档的嵌入式数组中，如下所示：

```
mongo> db.embeddedBranches.findOne();
{
  "_id": 1,
  "branchTotals": [
    {
      "branchId": 0,
      "balance": 101208675
    },
```

```
  {
    "branchId": 1,
    "balance": 98409758
  },
  {
    "branchId": 2,
    "balance": 99407654
  },
  {
    "branchId": 3,
    "balance": 98807890
  }
  ]
}
```

然后，我们可以使用相对简单的更新语句在分支机构之间自动移动数据。新的"事务"看起来像这样：

```
try {
  let updateString =
    `{"$inc":{
    "branchTotals.`+fromBranch+`.balance":`+dollars+`,
    "branchTotals.`+toBranch +`.balance":`+dollars+`}}`;
  let updateClause = JSON.parse(updateString);

  await db.collection('embeddedBranches').updateOne(
    {_id: 1 }, updateClause);
} catch (error) {
  console.log(error.message);
}
```

我们将 4 条语句减少到 1 条，并且完全消除了产生 TransientTransactionError 的可能性。图 9-5 比较了两种方法的性能，非事务方法比事务方法快 100 倍以上。

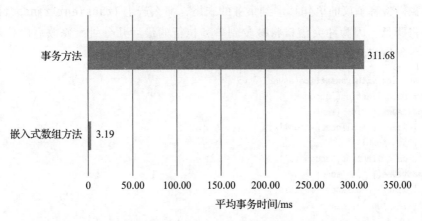

图 9-5　MongoDB 事务方法与嵌入式数组方法（非事务方法）

提示 可能有替代 MongoDB 事务的应用程序策略，这些策略可能比常规事务执行得更好，尤其是在发生写入冲突的可能性很高的情况下。

9.3.2　操作顺序

就其本质而言，事务将向 MongoDB 数据库发出不止一项操作。这些操作中的某些操作比其他操作更容易产生写入冲突。在这种情况下，更改操作顺序可能会带来性能优势。

例如，考虑以下事务：

```
await session.withTransaction(async () => {
  await db.collection('txnTotals').
    updateOne({ _id: 1 },
      { $inc: { counter: 1 } },
      { session });
  await db.collection('accounts').
    updateOne({ _id: fromAcc },
      { $inc: { balance: -1*dollars } },
      { session });
  await db.collection('accounts').
    updateOne({ _id: toAcc },
      { $inc: { balance: dollars } },
      { session });
}, transactionOptions);
```

此事务可以实现两个账户之间的资金转移，但首先，它会更新全局"事务计数器"。每一个试图发出这种交易的事务都会尝试更新这个计数器，结果很多都会遇到 Transient-TransactionError 重试。

如果我们将有争议的语句移动到事务的末尾，那么产生 TransientTransactionError 的可能性将降低，因为冲突窗口将减少到事务执行的最后几分钟。修改后的代码如下所示——只是将 txnTotals 更新移到了事务的末尾：

```
await session.withTransaction(async () => {
  await db.collection('accounts').
    updateOne({ _id: fromAcc },
      { $inc: { balance: -1*dollars } },
      { session });
  await db.collection('accounts').
    updateOne({ _id: toAcc },
      { $inc: { balance: dollars } },
      { session });
```

```
  await db.collection('txnTotals').
    updateOne({ _id: 1 },
      { $inc: {  counter: 1 }  },
      { session });

}, transactionOptions);
```

图 9-6 给出了更改示例事务的事务顺序的效果。将"热"操作放在最后可以显著减少争用行为并缩短事务执行时间。

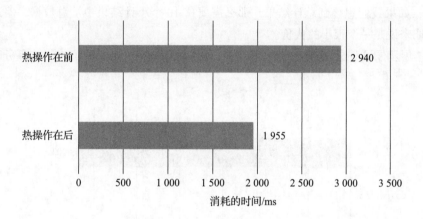

图 9-6　事务中操作重新排序的影响

提示　考虑将热操作（可能会遇到 `TransientTransactionError` 的操作）放在事务的最后，以减少冲突时间窗口。

9.3.3　对热文档分区

`TransientTransactionError` 在多个事务尝试修改特定文档时发生。这些"热"文档成为事务瓶颈。在某些情况下，我们可以通过将文档中的数据划分到多个不同的文档来缓解瓶颈。

例如，考虑 9.3.2 节中的事务。此事务更新了事务计数文档：

```
await db.collection('txnTotals').
  updateOne({ _id: 1 },
    { $inc: {  counter: 1 }  },
    { session });
```

这是一个"热"文档（每个事务都想要更新的文档）示例。如果真的需要在事务中保留某种运行"总计"功能，我们可以将"总计"功能拆分到多个文档中。例如，这种替代语法将"总计"拆分到 10 个文档中：

```
let id=Math.floor(Math.random()*10);

await db.collection('txnTotals').
  updateOne({ _id: id },
    { $inc: { counter: 1 } },
    { session });
```

当然，如果我们想得到总计结果，那么需要从 10 个小计结果中汇总数据，但这对于提高事务性能来说是一个很小的代价。

图 9-7 展示了这种分区产生的性能提升。通过对热文档分区，我们将平均事务时间减少了近 90%。

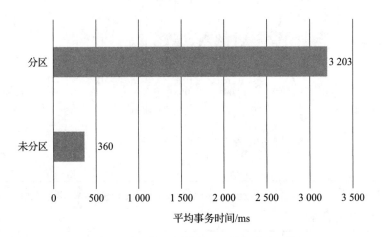

图 9-7 对"热"文档分区以缩短事务时间

 提示 考虑将"热"文档（由多个事务同时更新的文档）划分为多个文档。

9.4 小结

事务是许多应用程序的基本要求，在 MongoDB 4.0 中引入事务是 MongoDB 向前迈出的一大步。

不幸的是，与许多其他 MongoDB 新功能不同，事务本身并不能提高性能。通过在会话之间引入争用，事务从本质上降低并发性，从而降低吞吐量并增加响应时间。

MongoDB 事务架构不使用大多数 SQL 数据库使用的阻塞锁。相反，它会中止尝试同时修改文档的事务。这些中止和重试行为由 MongoDB 驱动程序"在后台"处理。然而，事务中止和事务重试是拖累 MongoDB 事务性能的关键因素，应该是事务调优工作的重点。

本章介绍了几种减少争用以提高事务吞吐量的方法：

❑ 完全避免事务，例如，通过在单个文档中嵌入必须以原子方式更新的数据。

❑ 将高争用操作移至事务末尾以减少事务中止的机会窗口。

❑ 将"热"文档划分为多个文档，从而减少这些文档中的数据争用行为。

Chapter 10　第 10 章

服务器监控

到目前为止，我们一直专注于通过优化应用程序代码和数据库设计来提升性能。在理想情况下，这是我们调优工作开始的地方，通过优化应用程序，我们使 MongoDB 工作得更智能，而不是更困难。通过优化 schema、应用程序代码和索引，我们减少了 MongoDB 完成任务所需的工作量。

然而，可能你完成了所有可能的实际应用程序调优，也有可能在某些情况下，例如处理第三方应用程序时，你根本无法优化应用程序代码。

现在，我们开始查看服务器配置并确保服务器针对应用程序工作负载进行了必要的优化。这种服务器端调优一般分四个阶段进行：

❑ 确保服务器主机上有足够的内存和 CPU 来支持工作负载。

❑ 确保有足够且正确配置的内存来减少 IO 需求。

❑ 优化磁盘 IO 以确保磁盘请求返回时没有过多的延迟。

❑ 确保优化集群配置以避免集群协调导致的延迟并最大化集群利用率。

这些内容是后续几章的主题。本章将介绍有关监控服务器性能的基础知识以及一些有用的工具。

10.1　主机级监控

所有 MongoDB 服务器都在操作系统中运行，而操作系统又托管在某个硬件平台中。在当今虚拟机、容器和云基础设施的世界中，硬件拓扑可能是模糊的。但即使无法直接观察底层硬件，也可以观察提供支持 MongoDB 服务器的原始资源的操作系统容器。

在最基本的层面上，操作系统提供了四种基本资源：

❑ **网络**带宽，允许数据传入和传出机器。

❑ **CPU**，允许执行程序代码。

❑ **内存**，允许快速访问非永久性数据。

❑ **磁盘 IO**，允许永久存储大量数据。

有多种工具可帮助我们监控主机利用率，包括商业工具和免费工具。根据我们的经验，最好了解如何使用内置的性能实用程序，因为这些实用程序始终可用。

对于 Linux 系统，我们应该熟悉以下命令：

❑ top

❑ uptime

❑ vmstat

❑ iostat

❑ netstat

❑ bwm-ng

对于 Windows 系统，我们可以通过图形界面查看资源监视器并利用 PowerShell Get-Counter 命令获取原始统计信息。

10.1.1 网络

网络负责将数据从服务器传输到应用程序，同时负责在组成集群的服务器之间传输数据。第 6 章已介绍网络往返的作用，第 13 章将讨论更多关于集群优化下的网络流量。

MongoDB 服务器中的网络接口成为瓶颈的情况比较少见——网络瓶颈更常见于服务器和各种客户端之间的网络跳数。也就是说，MongoDB 服务器可以处理的数据量通常小于通过典型网络接口可以传输的数据量。使用 bwm-ng 命令可以监控通过网络接口传输的流量：

```
bwm-ng v0.6.2 (probing every 5.200s), press 'h' for help
  input: /proc/net/dev type: rate

iface              Rx              Tx            Total

       ==============================================================
    lo:       0.00  B/s       0.00  B/s       0.00  B/s
  eth0:     173.52 KB/s       8.84 MB/s       9.01 MB/s
virbr0:       0.00  B/s       0.00  B/s       0.00  B/s
       --------------------------------------------------------------
 total:     173.52 KB/s       8.84 MB/s       9.01 MB/s
```

现代服务器中的网络接口通常是 10Gb 或 100Gb 以太网卡，这些卡不太可能会让客户端和服务器之间传输的数据量受限。但是，如果你有一台较旧的使用小于 10Gb 以太网卡的服务器，那么升级网卡是一种成本较低的优化方式。

然而，虽然服务器上的网络接口不太可能成为问题，但客户端和服务器之间的网络可能包含各种性能特征不同的路由器和交换机。此外，客户端和服务器之间的距离会产生无法避免的延迟。应用程序和 MongoDB 服务器之间的网络往返时间通常是限制整体性能的因素。

我们可以使用 ping 或 traceroute 等命令测量两台服务器之间的往返时间。在这里，我们测量了三个分散的副本集成员的网络延迟：

```
$ traceroute mongors01.eastasia.cloudapp.azure.com --port=27017 -T

traceroute to mongors01.eastasia.cloudapp.azure.com (23.100.91.199), 30
hops max, 60 byte packets
 1  * * *
 . . .
18  * * 23.100.91.199 (23.100.91.199)  118.392 ms
$ traceroute mongors02.japaneast.cloudapp.azure.com --port=27017 -T
traceroute to mongors02.japaneast.cloudapp.azure.com (20.46.164.146), 30
hops max, 60 byte packets
 1  * * *
    . . .
19  * 20.46.164.146 (20.46.164.146)  128.611 ms
$ traceroute mongors03.koreacentral.cloudapp.azure.com --port=27017 -T
traceroute to mongors03.koreacentral.cloudapp.azure.com (20.194.1.136), 30
hops max, 60 byte packets
 1  * * *
 . . .
26  * * *
27  20.194.1.136 (20.194.1.136)  152.857 ms
```

测量响应非常简单的 MongoDB 命令（例如 rs.isMaster()）所花费的时间也很有用。当我们从服务器主机上的 shell 运行 rs.isMaster() 时，延迟最小：

```
mongo> var start=new Date();
mongo> var isMaster=rs.isMaster();
mongo> print ('Elapsed time', (new Date())-start);
Elapsed time 14
```

当从远程主机运行 rs.isMaster() 时，由于网络延迟，消耗的时间增加了数百毫秒：

```
mongo> var start=new Date();
mongo> var isMaster=rs.isMaster();
mongo> print ('Elapsed time', (new Date())-start);
Elapsed time 316
```

如果网络延迟过高（超过数百毫秒），那么可以检查一下网络配置。网络管理员或 ISP 可能需要参与延迟原因的追踪。

但是，在复杂的网络拓扑中，网络延迟的原因可能超出你的控制范围。一般来说，处理网络延迟的最佳方法是：

❑ 让应用程序工作负载"更靠近"数据库服务器。理想情况下，应用程序服务器应该与 MongoDB 服务器位于同一区域、同一数据中心，甚至同一机架中。

❑ 减少应用程序中的网络往返次数。第 6 章和第 8 章讨论了优化网络往返次数的方法。

 提示　超过数百毫秒的网络延迟令人担忧。建议调查网络硬件和拓扑，并考虑让应用程序代码"更靠近"MongoDB 服务器。无论哪种情况，请确保使用本书前面讨论的方法来最小化网络往返次数。

10.1.2　CPU

CPU 瓶颈通常会导致性能不佳。MongoDB 服务器进程在解析请求、访问缓存中的数据以及处理无数其他事项时会消耗 CPU。

在调查 CPU 利用率时，大多数人首先采用 CPU 繁忙百分比指标。但是，此指标仅在 CPU 利用率低于 100% 时才有用。一旦 CPU 利用率达到 100%，更重要的指标就是**运行队列**。

运行队列（有时称为**平均负载**）反映了想要使用 CPU 的进程的平均数量，这些进程必须等待其他正在独占 CPU 的进程。运行队列比 CPU 繁忙百分比更能衡量 CPU 负载，因为即使 CPU 被充分利用，对 CPU 的需求仍然会增加，运行队列仍然会增长。长的运行队列几乎总是与较差的响应时间相关联。

我们喜欢将 CPU 和运行队列比作超市收银台。即使所有的收银台都很忙，只要收银台前没有排特别长的队，你仍然可以很快结账离开超市。只有当队列开始增长时，你才会开始担心能否很快离开。

图 10-1 展示了运行队列、CPU 繁忙百分比和响应时间之间的关系。随着工作负载的增加，这三个指标都会增加。但是，CPU 繁忙百分比最高为 100%，而运行队列和响应时间继续呈线性增长。因此，运行队列是衡量 CPU 利用率的最佳指标。

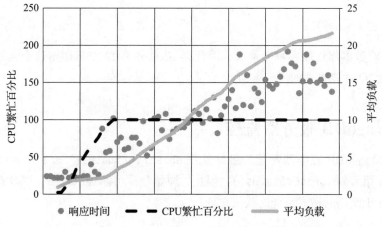

图 10-1　运行队列、CPU 繁忙百分比和响应时间之间的关系

理想情况下，运行队列长度一般为系统可用 CPU 数量的两倍左右。例如，在图 10-1

中，主机系统有 4 个 CPU，因此，8 ～ 10 的运行队列长度代表最大 CPU 利用率。

提示　"CPU 运行队列"或"平均负载"是 CPU 负载的最佳指标。运行队列长度应保持在系统可用 CPU 数量的两倍左右。

要在 Linux 系统上获取运行队列值，可以执行 uptime 命令：

```
$ uptime
 06:38:39 up 42 days … load average: 12.77, 3.66, 1.37
```

该命令报告过去 1min、5min 和 15min 的平均运行队列长度（平均负载）。

在 Windows 系统上，可以在 PowerShell 提示符下执行以下 Get-Counter 命令：

```
PS C:\Users\guy> Get-Counter '\System\Processor Queue Length' -MaxSamples 5


Timestamp                   CounterSamples
---------                   --------------
29/08/2020 1:32:20 PM       \\win10\system\processor queue length :
                            4

29/08/2020 1:32:21 PM       \\win10\system\processor queue length :
                            1
```

10.1.3　内存

所有计算机应用程序都使用内存来存储正在处理的数据。数据库经常要使用内存，因为它们通常将数据缓存在内存中以避免执行过多的磁盘 IO。

第 11 章专门介绍 MongoDB 内存管理。请查看第 11 章，了解更多关于一般内存监控和 MongoDB 内存管理的信息。

10.1.4　磁盘 IO

磁盘 IO 对数据库性能影响非常大，因此第 12 章和第 13 章将讲解这个主题。这两章将专门介绍磁盘 IO 性能管理的所有方面。

10.2　MongoDB 服务器监控

要了解 MongoDB 服务器性能，最好使用 db.serverStatus() 命令查看性能的原始指标。第 3 章介绍了 db.serverStatus()。但是，原始数据可能难以理解，因此有多种调优工具可以以更易于使用的格式呈现这些信息。

10.2.1　Compass

MongoDB Compass（见图 10-2）是配套 MongoDB 的官方 GUI，可从 MongoDB 官网

免费获得。尽管 Compass 性能仪表板相对简单，但它可能是一个很有用的入门工具。如果你已经下载了 MongoDB 社区版，那么你可能已经拥有 Compass。

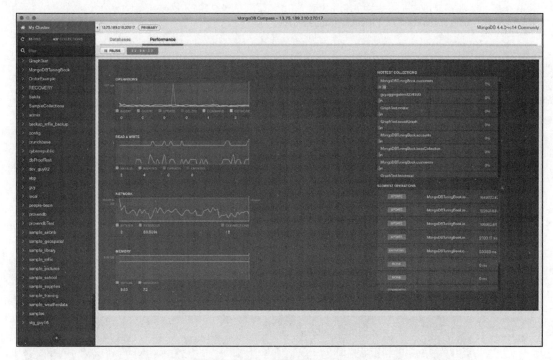

图 10-2　MongoDB Compass 监控

10.2.2　Free Monitoring 服务

MongoDB 还提供了一种简单的方法来访问 MongoDB 服务器的基于云的性能仪表板。与 Compass 仪表板类似，Free Monitoring（免费监控）仪表板（见图 10-3）提供了一个关于性能的最小视图，它让我们可以免费且直接地获取 MongoDB 的性能情况。

社区版服务器从 4.0 版开始提供 Free Monitoring。服务器主机的防火墙必须允许访问 http://cloud.mongodb.com/freemonitoring。

要启用 Free Monitoring，只需登录到 MongoDB 服务器并运行 db.enableFreeMonitoring()。如果一切顺利，你将获得一个指向监控仪表板的 URL：

```
rsUser:PRIMARY> db.enableFreeMonitoring()
{
        "state" : "enabled",
        "message": "To see your monitoring data, navigate to the unique
        URL below. Anyone you share the URL with will also be able to
        view this page. You can disable monitoring at any time by running
        db.disableFreeMonitoring().",
```

```
        "url" : "https://cloud.mongodb.com/freemonitoring/cluster/
        WZFEDJBMA23QISXQDEDXACFWGB2OWQ7H",
        "userReminder" : "",
        "ok" : 1,
        "operationTime" : Timestamp(1599995708, 1),
    ...
```

图 10-3　MongoDB Free Monitoring

10.2.3　Ops Manager

　　MongoDB Ops Manager（Ops 管理器，通常简称为"Ops Man"）是 MongoDB 的商业平台，用于管理、监控和自动化 MongoDB 服务器操作，（如图 10-4 所示）。Ops Man 可以与现有的服务器一起部署，也可以用于创建新的基础设施。除了具备自动化和部署能力外，Ops Man 还为所有已注册的部署设施提供了性能监控仪表板。

10.2.4　MongoDB Atlas

　　如果在 MongoDB 的 Atlas **数据库即服务平台**上创建了集群，则可以访问与 MongoDB Ops Manager 非常相似的图形监控界面。Atlas 仪表板（见图 10-5）提供了配置指标和选择时间窗口，用来生成活动图。高级集群（M10 及以上）也可以访问实时监控。

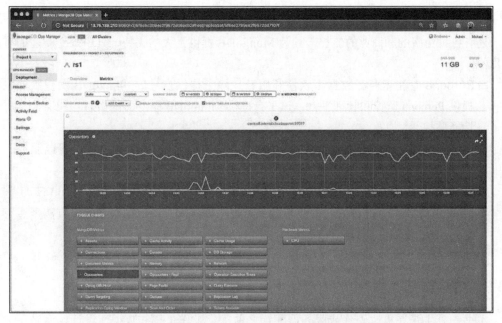

图 10-4　MongoDB Ops Manager

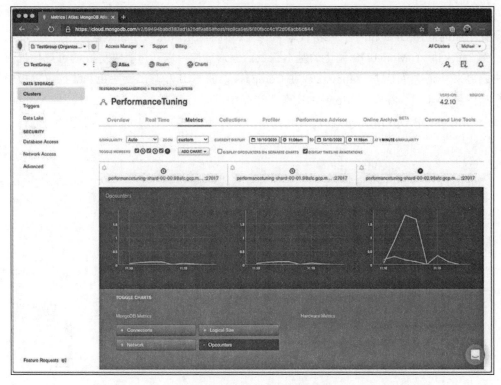

图 10-5　MongoDB Atlas 监控

10.2.5　第三方监控工具

还有各种免费的和商业的监控工具为 MongoDB 提供强大的支持，其中最受欢迎的有以下几种：

❑ Percona 专注于开源数据库软件和服务。除了提供自己的 MongoDB 发行版外，还提供 Percona 监控和管理平台，该平台提供 MongoDB 服务器的实时性能监控和历史性能监控。

❑ Datadog 是一种流行的监控平台，可为应用程序堆栈的所有组件提供诊断服务，并为 MongoDB 提供了一个专用模块。

❑ SolarWinds 于 2019 年收购了 VividCortex。用于 MongoDB 的 VividCortex 产品为 MongoDB 提供了一种独特的监控解决方案，该解决方案使用底层测量方法来实现对 MongoDB 性能的高粒度跟踪。

10.3　小结

本书一直主张在更改硬件或服务器配置之前优化工作负载和数据库设计。但是，一旦有了经过良好调整的应用程序，就该监控和调整服务器了。

操作系统为 MongoDB 服务器提供 4 种关键资源——网络、CPU、内存和磁盘 IO。本章研究了如何监控 CPU 和内存。第 11 章和第 12 章将深入研究内存和磁盘 IO。

第 3 章回顾了 MongoDB 调优的基本工具。图形监控可以通过提供更好的可视化视图和历史趋势来补充这些工具。MongoDB 在 Compass 桌面 GUI 和基于云的免费监控仪表板中提供免费的图形监控。在众多 MongoDB 商业产品中可以找到更多的监控工具，如 MongoDB Atlas 和 MongoDB Ops Manager。许多商业监控工具还提供了对 MongoDB 性能的见解。

第四部分 *Part 4*

服务器调优

内存调优

本书前几章研究了减少 MongoDB 服务器工作负载需求的方法。我们考虑了结构化数据集和索引数据集以及调整 MongoDB 请求的方法，以尽量减少响应工作请求而必须处理的数据量。性能调优带来的 80% 的性能提升可能来自这些应用程序级别的优化。

然而，在某些时候，应用程序 schema 和代码可能已经尽可能地优化了，我们对 MongoDB 服务器的需求也是合理的。此时，首要任务是确保 MongoDB 能够快速响应请求。当向 MongoDB 发送数据请求时，最关键的因素就是从内存中获取数据还是必须从磁盘中获取数据。

与所有数据库一样，MongoDB 也使用内存来避免磁盘 IO。从内存读取数据通常需要大约 20ns。从最快的固态磁盘读取数据大约需要 25μs（大约是从内存读取数据时的 1000 倍）。从磁盘读取可能需要 4 ～ 10ms（这又是固态磁盘的几百倍）！因此，MongoDB 与所有数据库一样，其架构旨在尽可能避免涉及磁盘 IO。

11.1 MongoDB 内存架构

MongoDB 支持多种可插拔的存储引擎，每种引擎对内存的使用方式不同。事实上，甚至还有一个内存存储引擎，它只将活跃数据存储在内存中。但是，本章将只关注默认的 WiredTiger 存储引擎。使用 WiredTiger 存储引擎时，MongoDB 消耗的大部分内存通常是 WiredTiger 缓存。

MongoDB 根据工作负载需求分配额外的内存。我们无法直接控制分配的额外内存量，尽管工作负载和一些服务器配置参数确实会影响分配的内存总量。最重要的内存分配与排序操作和聚合操作（见第 7 章）相关。每个与 MongoDB 的连接也需要内存。

在 WiredTiger 缓存中，分配的内存主要用于缓存集合和索引数据——从而支持事务多版本一致性控制（见第 9 章）的快照，以及缓冲 WiredTiger 预写日志。

图 11-1 给出了 MongoDB 内存的重要组成部分。

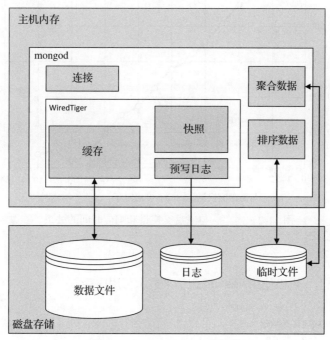

图 11-1　MongoDB 内存架构

11.1.1　主机内存

虽然 MongoDB 内存配置是一个很大的主题，但从操作系统的角度来看，内存管理非常简单。如果有可用内存，那一切都很好；如果没有足够的可用内存，则事情会很糟糕。

当物理空闲内存耗尽时，尝试分配内存将导致现有内存分配"换出"到磁盘。由于磁盘比内存慢数百倍，内存分配需要几个量级的时长延迟才能完成。

图 11-2 展示了内存耗尽时响应时间突然增加的情况。随着可用内存的减少，响应时间初期一直保持稳定，但一旦内存耗尽、涉及基于磁盘的交换，响应时间就会突然显著增长。

> 提示　当服务器内存被过度使用时，内存可能会被交换到磁盘。在 MongoDB 服务器上，这大概率表明为 MongoDB 配置的内存不足。

虽然我们不希望看到内存过度分配和交换，但也不希望看到存在大量未分配的内存。未使用的内存会白白浪费掉，因此最好将该内存分配给 WiredTiger 缓存，而不是让它不被使用。

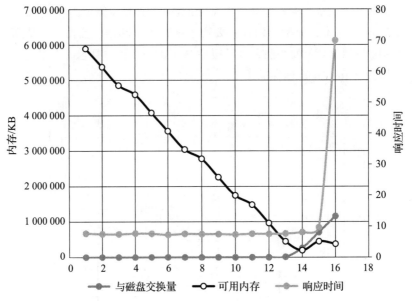

图 11-2 内存、与磁盘交换量和响应时间的关系

11.1.2 测量内存

在 Linux 系统上，可以使用 vmstat 命令来显示可用内存：

```
$ vmstat -s
    16398036 K total memory
    10921928 K used memory
    10847980 K active memory
     3778780 K inactive memory
     1002340 K free memory
        4236 K buffer memory
     4469532 K swap cache
           0 K total swap
           0 K used swap
           0 K free swap
```

这里最关键的是活跃内存（active memory）——它表示当前分配给进程的内存，以及已交换空间（used swap）——它表明有多少内存已交换到磁盘。如果活跃内存接近总内存，可能会遇到内存短缺问题。已交换空间通常应该为零，尽管在内存短缺问题得到解决后，交换空间可能会在一段时间内包含非活跃内存。

在 Windows 系统上，既可以使用资源监视应用程序测量内存，也可以从 PowerShell 提示符执行以下命令来测量内存：

```
PS C:\Users\guy> systeminfo |Select-string Memory
Total Physical Memory:     16,305 MB
Available Physical Memory: 3,363 MB
```

```
Virtual Memory: Max Size:   27,569 MB
Virtual Memory: Available: 6,664 MB
Virtual Memory: In Use:     20,905 MB
```

db.serverStatus() 命令提供了 MongoDB 正在使用多少内存的详细信息。以下脚本[⊖]打印内存利用率的总体概要：

```
mongo>function memory() {
...     let serverStats = db.serverStatus();
...     print('Mongod virtual memory ', serverStats.mem.virtual);
...     print('Mongod resident memory', serverStats.mem.resident);
...     print(
...       'WiredTiger cache size',
...       Math.round(
...         serverStats.wiredTiger.cache
...           ['bytes currently in the cache'] / 1048576
...       )
...     );
... }
mongo>memory();
Mongod virtual memory  9854
Mongod resident memory 8101
WiredTiger cache size 6195
```

此报告告诉我们，MongoDB 已经分配了 9.8GB 的虚拟内存，其中 8.1GB 目前主动分配给了物理内存。虚拟内存不同于常驻内存，它通常表示已分配但尚未使用的内存。

在分配的 9.8GB 内存中，有 6.1GB 分配给了 WiredTiger 缓存。

11.2　WiredTiger 内存

绝大多数 MongoDB 产品部署都使用 WiredTiger 存储引擎。对于这些部署，最大的内存块将是 WiredTiger 缓存。本章将只讨论 WiredTiger 存储引擎，因为虽然存在其他存储引擎，但它们远没有 WiredTiger 应用广泛。

WiredTiger 缓存对服务器性能有很大影响。如果没有缓存，每次读取数据都将是一次磁盘读取。缓存通常可以将磁盘读取次数减少 90% 以上，因此可以将吞吐量提高几个数量级。

11.2.1　缓存大小

默认情况下，WiredTiger 缓存将设置为 256MB 或总内存的 50% 减去 1GB，以最大者为准。例如，在 16GB 的服务器上，期望默认的缓存大小为 7GB（(16/2) −1）。剩余内存可用于排序和聚合、连接以及操作系统。

⊖　这个脚本作为 mongoTuning.memoryReport() 包含在调优脚本中。

默认的 WiredTiger 缓存大小通常很不错，但很少会是最佳大小。如果其他工作负载运行于同一主机，该缓存可能太大了。相反，在专用于 MongoDB 的大型内存系统上，该缓存可能太小了。鉴于 WiredTiger 缓存对性能的重要性，我们应该做好根据需求调整缓存大小的准备。

> 🎯 提示　默认的 WiredTiger 缓存大小通常很不错，但很少会是最佳大小。确定和设置最佳缓存大小往往是很有用的。

mongod 配置参数 `wiredTigerCacheSizeGB` 控制最大缓存。在 MongoDB 配置文件中，该参数路径为 `storage/wiredTiger/engineConfig/cacheSizeGB`。例如，要将缓存大小设置为 12GB，可以在 `mongod.conf` 文件中指定以下内容：

```
storage:
  wiredTiger:
    engineConfig:
      cacheSizeGB: 12
```

我们可以在正在运行的服务器上调整 WiredTiger 缓存的大小。以下命令将缓存大小调整为 8GB：

```
db.getSiblingDB('admin').runCommand({setParameter: 1,
    wiredTigerEngineRuntimeConfig: 'cache_size=8G'});
```

11.2.2　确定最佳缓存大小

缓存太小会导致 IO 增加，从而降低性能。另外，将缓存增加到超出可用操作系统内存的程度可能会导致空间交换，甚至导致性能严重下降。MongoDB 越来越多地部署在可以动态调整可用内存量的云容器中。即便如此，内存也是云环境中最昂贵的资源，因此在没有依据的情况下向服务器提供更多没有用上的内存是不可取的。

那么，如何确定准确的缓存大小呢？没有明确的方法可以确定更多缓存是否会带来更好的性能，但确实有一些指导指标。最重要的两个指标是：

❑ 缓存命中率。
❑ 驱逐率。

11.2.3　数据库缓存命中率

数据库**缓存命中率**是一个历史悠久但臭名昭著的指标。简单地说，缓存命中率描述了在内存中找到所需数据块的频率：

$$缓存命中率 = \frac{缓存中满足要求的 IO 请求数}{IO 请求总数}$$

缓存命中率表示在不进行磁盘读取的情况下，数据库缓存中满足要求的块请求的比例。

每次"命中"(在内存中找到块)都是一件好事,因为它避免了耗时的磁盘 IO。因此,从直觉上看,缓冲区高速缓存的高命中率也是一件好事。

不幸的是,虽然缓存命中率清楚地衡量了一些东西,但高缓存命中率并不总是能很好或正确地表示数据库调整良好。调整不佳的工作负载经常需要一遍又一遍地读取相同的数据块,这些块几乎一定存在内存中,因此,最低效的操作往往会产生非常高的缓存命中率。著名的 Oracle DBA Connor McDonald 创建了一个脚本,该脚本可以生成任意命中率,基本上是通过一遍又一遍地读取相同的块来实现的。Connor 的脚本没有执行任何有用的工作,但可以达到几乎完美的命中率。

> 💿 提示 缓存命中率没有"正确"值,高命中率可能是由调整不当的工作负载导致的,也可能是由调整良好的内存配置造成的。

可以说,对于经过良好调整的工作负载(具有良好 schema 设计、适当索引和优化聚合管道的工作负载),观察 WiredTiger 命中率可以让你了解 WiredTiger 缓存在维持 MongoDB 工作负载需求方面的能力。

以下是一个计算命中率的脚本:

```
mongo> var cache=db.serverStatus().wiredTiger.cache;
mongo> var missRatio=cache['pages read into cache']*100/cache['pages
requested from the cache'];
mongo> var hitRatio=100-missRatio;
mongo> print(hitRatio);
99.93843137484377
```

它返回自服务器上次启动以来的缓存命中率。要计算较短时间内的命中率,可以使用调优脚本中的以下命令:

```
mongo> mongoTuning.monitorServerDerived(5000,/cacheHitRate/)
{
    "cacheHitRate": "58.9262"
}
```

这表明前 5s 的缓存命中率为 58%。

如果工作负载得到很好的调整,则低缓存命中率意味着增加 WiredTiger 缓存可能会提高性能。图 11-3 展示了各种缓存大小对命中率和吞吐量的影响。当增加缓存的大小时,命中率会增加,吞吐量也会增加。因此,较低的初始命中率表明增加缓存大小可能会增加吞吐量。

随着缓存大小的增加,我们可能会看到命中率增加、吞吐量增加。前面一句话中的关键词是"可能":某些工作负载在增加缓存大小时几乎得不到任何好处,这要么是因为所需的所有数据都已经在内存中,要么是因为某些数据永远不会被重新读取(因而无法从缓存中受益)。

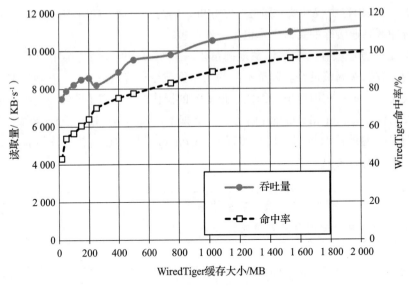

图 11-3　WiredTiger 缓存大小、命中率和吞吐量的关系

虽然并不完美，但 WiredTiger 命中率是许多 MongoDB 数据库的关键健康指标。引用 MongoDB 手册中的一句话：

> 存在性能问题可能表明数据库正在满负荷运行，是时候为数据库增加额外的容量了。特别是，应用程序的工作集应该适配可用的物理内存。

高缓存命中率是我们认为工作集适配内存的最佳指标。

提示　如果已调整好工作负载，WiredTiger 缓存命中率较低可能表明应增加 WiredTiger 缓存。

11.2.4　驱逐

缓存一般不能将所有内容都保存在内存中。通常，缓存尝试通过仅将最近访问的数据页保留在缓存中，最终做到将最常访问的文档保留在内存中。

一旦缓存达到其最大容量，为新数据腾出空间需要从缓存中删除（驱逐）旧数据。被删除的数据页面通常是**最近最少使用**（Least Recently Used，LRU）页面。

MongoDB 在执行驱逐之前不会等到缓存完全填满。默认情况下，MongoDB 将尝试为新数据保留 20% 的缓存空闲空间，并在空闲百分比达到 5% 时开始限制新页面进入缓存。

如果缓存中的数据项没有被修改，那么驱逐几乎是瞬时完成的。但是，如果数据块已被修改，则在将其写入磁盘之前无法将其逐出。这些磁盘写入操作需要时间。出于这个原因，MongoDB 尝试将修改的"脏"数据块的百分比保持在 5% 以下。如果修改数据块的百分比达到 20%，则操作将被阻止，直到达到目标值。

MongoDB 服务器为驱逐处理分配了专用线程，默认情况下，会分配 4 个驱逐线程。

阻塞驱逐

当"干净"数据块或"脏"数据块的数量达到更高的阈值时，尝试将新数据块带入缓存的会话将需要在读取操作完成之前执行驱逐。

因为"紧急"驱逐可能会阻塞操作，所以要确保驱逐配置可以避免这种情况的发生。这些"阻塞"驱逐记录在 WiredTiger 参数"页面获取驱逐阻塞"（"page acquire eviction blocked"）中：

```
db.serverStatus().wiredTiger["thread-yield"]["page acquire eviction blocked"]
```

这些阻塞驱逐应该是相对罕见的。你可以计算阻塞逐出与总体逐出的总体比率，如下所示：

```
mongo> var wt=db.serverStatus().wiredTiger;
mongo> var blockingEvictRate=wt['thread-yield']['page acquire eviction
blocked'] *100 / wt['cache']['eviction server evicting pages'];
mongo>
mongo> print(blockingEvictRate);
0.10212131891589296
```

你也可以使用调优脚本计算更短时间段内的比率：

```
mongo> mongoTuning.monitorServerDerived(5000,/evictionBlock/)
{
  "evictionBlockedPs": 0,
  "evictionBlockRate": 0
}
```

如果阻塞驱逐率很高，则可能表明需要采取更积极的驱逐策略，要么更早地开始驱逐，要么将更多线程应用于驱逐过程。可以更改 WiredTiger 驱逐配置值，但这是一个有风险的过程，部分原因是虽然可以设置值，但无法直接检索现有值。

例如，以下命令将驱逐线程数和目标设置为其发布的默认值：

```
mongo>db.adminCommand({
...    setParameter: 1,
...    wiredTigerEngineRuntimeConfig:
...      `eviction=(threads_min=4,threads_max=4),
...      eviction_dirty_trigger=5,eviction_dirty_target=1,
...      eviction_trigger=95,eviction_target=80`
... });
```

如果驱逐机制有问题，我们可以尝试增加线程数或更改阈值以促进或多或少激进的驱逐处理机制。

 提示　如果阻塞驱逐的比率很高，则可能需要采取更积极的驱逐政策。但是在调整 WiredTiger 内部参数时要非常谨慎。

11.2.5 检查点

当更新语句或其他数据操作语句更改缓存中的数据时，它不会立即反映在代表文档持久表示的数据文件中。数据更改的表示被写入顺序预写**日志**。这些顺序日志写入可用于在服务器崩溃的情况下恢复数据，并且所涉及的顺序写入比保持数据文件与缓存绝对同步所需的随机写入快得多。

但是，我们不希望缓存与数据文件的差距太大，部分原因是它会增加服务器崩溃时恢复数据库的时间。因此，MongoDB 会定期确保数据文件与缓存中的更改同步。这些**检查点**将修改后的"脏"数据块写入磁盘。默认情况下，检查点每 60s 出现一次。

检查点是 IO 密集型的，根据缓存的大小和缓存中的"脏"数据量，可能需要将 GB 级的信息刷新到磁盘。因此，检查点通常会导致吞吐量显著下降，尤其是对于数据操作语句。

图 11-4 展示了检查点的影响（每 60s 一次）。当检查点出现时，吞吐量会突然下降。因此，性能呈"锯齿"模式。

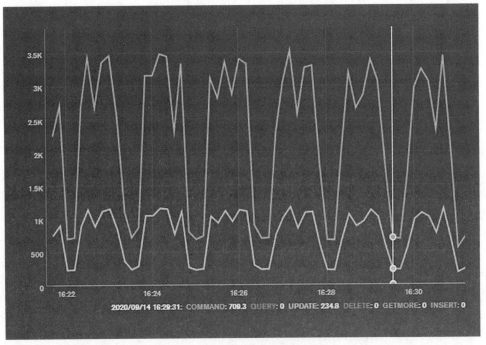

图 11-4　检查点会造成性能不均

这种锯齿性能曲线可能会、也可能不会产生不好的影响。但是，有几个选项可以调节检查点的影响，参照以下设置：

❑ eviction_dirty_trigger 和 eviction_dirty_target（在 11.2.4 节中讨论过）控制在驱逐处理开始之前缓存中允许有多少修改块。可以调整它们的设置以减少缓存中修改块的数量，从而减少在检查点期间必须写入磁盘的数据量。

□ eviction.threads_min 和 eviction.threads_max 指定有多少线程专用于驱逐处理。
　为驱逐处理分配更多线程将加快驱逐处理的速度，这反过来又可以在检查点期间在
　缓存中留下更少要刷新的块。

□ 可以调整 checkpoint.wait 以增加或减少检查点之间的时间。如果设置的值很高，
　那么驱逐处理很可能会在检查点出现之前将大部分块写入磁盘，并且检查点的整体
　影响可能会降低。但是，这些延迟检查点的开销也可能很大。

　　检查点没有正确的设置，有时检查点的影响可能是违反直觉的。例如，当你拥有较大
的 WiredTiger 缓存时，检查点的开销可能会更大。这是因为修改块的默认驱逐策略被设置
为 WiredTiger 缓存的百分比：缓存越大，驱逐处理器将变得越"懒惰"。

　　但是，如果你愿意尝试，则可以通过调整检查点之间的时间和驱逐处理的积极性来获
得较低的检查点开销。例如，这里我们将检查点调整为每 5min 出现一次，增加驱逐线程
数，并降低"脏"数据块驱逐的目标阈值：

```
db.adminCommand({
    setParameter: 1,
        wiredTigerEngineRuntimeConfig:
                `eviction=(threads_min=10,threads_max=10),
                checkpoint=(wait=500),
                eviction_dirty_trigger=5,
                eviction_dirty_target=1`
            });
```

　　我们要明确表示，我们不推荐上述设置，也不建议修改这些参数。但是，如果你担心
检查点会产生不可预测的响应时间，这些设置可能会有所帮助。

提示　默认情况下，检查点每隔 1min 将修改后的页面写入磁盘。如果你在 1min 的周期内
　　　遇到性能下降，则可以仔细地考虑调整 WiredTiger 检查点和"脏"数据块驱逐策略。

11.2.6　WiredTiger 并发

　　在 WiredTiger 缓存中读取和写入数据需要线程获得读取或写入"票证"。默认情况下，
有 128 张此类"票证"。db.serverStatus() 报告 wiredTiger.concurrentTransactions
部分中可用的票证数量：

```
mongo> db.serverStatus().wiredTiger.concurrentTransactions
{
  "write": {
    "out": 7,
    "available": 121,
    "totalTickets": 128
  },
```

```
    "read": {
      "out": 28,
      "available": 100,
      "totalTickets": 128
    }
  }
```

在前面的示例中，128 个读取票证中有 28 个正在使用，128 个写入票证中有 7 个正在使用。

鉴于大多数 MongoDB 操作的持续时间很短，128 个票证通常就足够了。如果有超过 128 个并发操作，服务器或操作系统的其他地方可能会出现瓶颈，要么需要排队等待 CPU，要么需要排队等待 MongoDB 内部锁。但是，可以通过调整参数 **wiredTigerConcurrentRead-Transactions** 和 **wiredTigerConcurrentWriteTransactions** 增加票证数量。例如，要将并发读取数量增加到 256 个，我们可以执行以下命令：

```
db.getSiblingDB("admin").
  runCommand({ setParameter: 1, wiredTigerConcurrentReadTransactions: 256
  });
```

但是，在增加并发读取数量时要小心，因为数量越多，占用硬件资源越多。

11.3　减少应用程序内存需求

正如之前强调的，在调整硬件和服务器配置之前，调整应用程序设计和工作负载会产生最佳调优结果。通过给高 IO 开销的服务器添加内存通常可以提高性能，但是，内存不是免费的，而创建索引或调整某些代码不会花费你任何成本，至少不涉及资金成本。

本书的前 10 章介绍了关键的应用程序调优原则。但是，关于它们如何影响内存消耗，值得在这里回顾一下。

11.3.1　文档设计

WiredTiger 缓存存储了完整的文档副本，而不仅仅是你感兴趣的部分。例如，如果你有一个看起来像这样的文档：

```
{
  _id: 23,
  Ssn: 605-21-9090,
  Name: 'Guy Harrison',
  Address: '89 InfiniteLoop Drive, Cupertino, CA 9000',
  HiResScanOfDriversLicense : BinData(0,"eJyOkb2O1UAMhV ……… ==")
}
```

该文档相当小，只有大量的用户驾照二进制表示。无论你是否明确要求了，WiredTiger 缓存都需要将所有高分辨率的驾照扫描件存储在缓存中。因此，为了最大化内存，你可能希望采用第 4 章中介绍的**垂直分区**设计模式。我们可以将驾照扫描件放在一个单独的集合中，该集合仅在需要时才加载到缓存中，而不是每当访问 SSN 记录时加载。

提
示　请记住，文档越大，缓存中可以存储的文档就越少。保持文档较小可提高缓存效率。

11.3.2　索引

索引为选定数据提供了快速路径，但也有助于减少内存需求。当我们使用全集合扫描搜索数据时，所有文档都被加载到缓存中，无论文档是否符合过滤条件。因此，索引查找有助于保持缓存的相关性和有效性。

索引还减少了排序所需的内存。第 6 章和第 7 章介绍了如何使用索引来避免磁盘排序操作。然而，如果我们执行大量内存排序，那么将需要操作系统内存（在 WiredTiger 缓存之外）来执行这些排序操作。索引排序没有类似的内存开销。

提
示　索引通过只将所需文档引入缓存以及减少排序的内存开销来帮助减少内存需求。

11.3.3　事务

第 9 章介绍了 MongoDB 事务如何使用数据快照来确保会话不会从未提交的文档版本中读取数据。在 MongoDB 4.4 之前，这些快照保存在 WiredTiger 缓存中，减少了可用于其他目的的内存量。

在 MongoDB 4.4 之前，向应用程序添加事务将增加 WiredTiger 缓存所需的内存量。此外，如果调整 transactionLifetimeLimitSeconds 参数以允许更长的事务，将增加内存压力。从 MongoDB 4.4 开始，快照作为"持久历史数据"存储到磁盘，长事务对内存的影响就不会那么显著了。

11.4　小结

与所有数据库一样，MongoDB 也使用内存避免磁盘 IO。如果可能，你应该在调整内存之前调整应用程序工作负载，因为 schema 设计、索引和查询的更改都会更改应用程序的内存需求。

在 WiredTiger 实现中，MongoDB 内存由 WiredTiger 缓存（主要用于缓存经常访问的文档）和用于各种目的（包括连接数据和排序）的操作系统内存组成。无论内存占用如何，请确保它永远不会超过操作系统内存限制；否则，部分内存可能会被换出到磁盘。

可用的最重要的调优选项是 WiredTiger 缓存大小。它默认为略低于操作系统内存的一半，并且在许多情况下可以增加，尤其是在服务器上有大量可用内存的情况下。缓存中的"命中率"是表明需要增加内存的一个指标。

缓存和其他内存旨在避免磁盘 IO，但不可避免地，数据库必须执行一些磁盘 IO 才能完成其工作。第 12 章将考虑如何测量和优化必要的磁盘 IO。

磁 盘 IO

在前面的章节中，我们已尽一切可能避免磁盘 IO。通过优化数据库设计和调优查询，我们最大限度地减少了工作负载需求，从而减少了对 MongoDB 的逻辑 IO 需求。优化内存减少了转化为磁盘 IO 的工作量。如果你应用了前几章中的实践，那么物理磁盘需求已被最小化：现在是时候优化磁盘子系统来满足该需求了。

减少 IO 需求大多发生在磁盘 IO 调优之前。磁盘调优在时间、金钱和数据库可用性方面通常成本很高昂。这可能需要购买昂贵的新磁盘设备并执行耗时的数据重组操作，从而导致可用性和性能降低。如果在调整工作负载和内存之前尝试这些事情，那么可能会为不切实际的需求而不必要地优化磁盘。

12.1 IO 基础知识

在介绍 MongoDB 如何执行磁盘 IO 操作以及可能部署的各种类型的 IO 系统之前，有必要回顾一下适用于磁盘 IO 系统和数据库系统的一些基本概念。

12.1.1 延迟和吞吐量

从性能的角度来看，磁盘设备有两个需要我们关注的基本特征：延迟和吞吐量。

延迟描述了从磁盘检索单个信息项所需的时间。对于旋转磁盘驱动器，这是将磁盘盘片旋转到正确位置所需的时间（**旋转延迟**）加上将读 / 写磁头移动到位所需的时间（**寻道时间**），再加上将数据从磁盘传输到服务器所需的时间（**传输时间**）。对于固态磁盘，没有机械寻道时间或旋转延迟，只有传输时间。

IO **吞吐量**描述了磁盘设备在给定时间单位内可以执行的 IO 数量。吞吐量通常以每秒 IO 操作数表示，通常缩写为 IOPS。

对于单个磁盘设备，尤其是 SSD，吞吐量和延迟密切相关。吞吐量直接由延迟决定，如果每个 IO 需要千分之一秒，那么吞吐量应该是 1000 IOPS。但是，当多个设备组合成一个逻辑卷（volume）时，延迟和吞吐量之间的关系就不那么直接了。此外，在磁盘中，顺序读取的吞吐量远高于随机读取的吞吐量。

对于大多数数据库服务器，数据存储在多个磁盘设备上，并在相关磁盘上"条带化"。在这种情况下，IO 带宽取决于 IO 操作类型（随机型与顺序型）、服务时间和磁盘数量。例如，包含 10 个磁盘、服务时间为 10ms 的完美条带化磁盘阵列将具有大约 1000 IOPS 的随机 IO 带宽（每个磁盘 100 IOPS，共 10 个磁盘）。

12.1.2 队列

当磁盘空闲并等待请求时，磁盘设备的服务时间仍然很容易预测。服务时间会有所不同，具体取决于磁盘的内部缓存以及读 / 写磁头为了获取相关数据需要移动的距离（对于磁盘）。一般情况下，响应时间会在磁盘制造商规定的范围内。

然而，随着请求数量的增加，一些请求将不得不等待其他正在处理的请求。随着请求速率的增加，最终形成一个队列。就像在繁忙的超市中一样，你很快就会发现排队等候的时间比实际得到服务的时间还要长。

由于排队，当磁盘系统接近满负荷运转时，磁盘延迟会急剧增加。当磁盘变得 100% 繁忙时，额外的请求只会增加队列的长度和服务时间，而不会增加吞吐量。

这里应该吸取的教训是，随着磁盘吞吐量的增加，延迟也会增加。图 12-1 给出了吞吐量和延迟之间的典型关系：增加吞吐量通常会增加延迟。最终，无法实现更大的吞吐量。此时，请求速率的增加会增加延迟，但不会增加吞吐量。

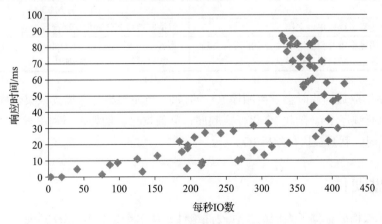

图 12-1　延迟与吞吐量的关系

注意 延迟和吞吐量密切相关：增加磁盘设备的吞吐量或需求通常会导致延迟增加。为了最大限度地减少延迟，可能需要以低于最大吞吐量的吞吐量运行磁盘。

如果单个磁盘的最大 IOPS 有限制，那么实现更高的 IO 吞吐量将需要部署更多的物理磁盘。与延迟计算（由相对复杂的排队理论计算控制）不同，所需磁盘设备数量的计算很简单。如果单个磁盘可以在提供可接受的延迟时吞吐量为 100 IOPS，而我们需要提供的吞吐量为 500 IOPS，那么我们可能需要至少 5 个磁盘设备。

提示 IO 系统的吞吐量主要取决于它所包含的物理磁盘设备的数量。要增加 IO 吞吐量，请增加磁盘卷中的物理磁盘数量。

但是，并非总是能够确定磁盘设备的合适 IO 速率（提供可接受服务时间的 IO 速率）。磁盘供应商指定最小延迟（可以在不争用磁盘的情况下实现）和最大吞吐量（可以在忽略服务时间限制的情况下实现）。按照定义，磁盘设备的发布吞吐量是磁盘 100% 繁忙时可以实现的吞吐量。为了确定在获得接近最小值的服务时间时可以实现的 IO 速率，需要将 IO 速率设为低于供应商设定的目标。具体的差异取决于你如何平衡应用程序中的响应时间与吞吐量，同时也取决于使用的驱动技术类型。但是，如果吞吐量超过供应商发布的最大值的 50% ～ 70%，那么通常会导致响应时间比供应商公布的最小值高几倍。

12.1.3 顺序 IO 和随机 IO

根据数据库工作负载的目的，IO 操作可以从两个维度分类：读取 IO 与写入 IO 和顺序 IO 与随机 IO。表 12-1 展示了数据库 IO 如何映射到这两个维度。

表 12-1　数据库 IO 的分类

	读取 IO	写入 IO
随机 IO	使用索引读取单个文档	根据驱逐机制将数据从缓存写入磁盘（参见第 11 章）
顺序 IO	使用完整集合扫描读取集合中的所有文档 扫描索引条目以避免磁盘排序	写入 WiredTiger 日志或 Oplog 将数据批量加载到数据库中

当按顺序读取数据块时会发生顺序 IO。例如，当使用集合扫描读取集合中的所有文档时，就是在执行顺序 IO。随机 IO 以任意顺序访问数据页。例如，当利用索引查找从集合中检索某个文档时，就是在执行随机 IO。

12.2　磁盘硬件

本节将回顾构成存储子系统的各种硬件组件，从单个磁盘或 SSD 到硬件和基于云的存储阵列。

12.3　磁盘

对于几代 IT 专业人员来说，磁盘或硬盘驱动器（Hard Disk Drive，HDD）已成为主流计算机设备中无处不在的组件。它于 20 世纪 50 年代首次被引入，其基本技术一直保持不变：一个或多个盘片包含代表信息位的磁荷。这些磁荷由执行臂读取和写入，执行臂穿过磁盘移动到盘片半径上的特定位置，然后等待盘片旋转到适当的位置。读取一条信息所用的时间是磁头移动到具体位置所用的时间（寻道时间）、盘片旋转到具体位置所用的时间（旋转延迟）以及通过磁盘控制器传输信息所花费的时间（传输时间）之和。图 12-2 展示了磁盘设备的核心架构。

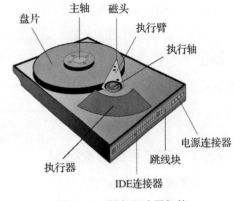

图 12-2　硬盘驱动器架构

对于数据库工作负载，这种架构有一些我们应该注意的点。随机访问非常慢，因为必须等待磁盘磁头移动到具体位置；顺序读取和写入可能非常快，因为磁头可以保持在原位，而顺序数据在其下方旋转。稍后比较 HDD 和 SSD 的写入性能时，还会提到这一点。

摩尔定律（首先由英特尔创始人戈登·摩尔提出）说明晶体管密度每 18 ～ 24 个月翻一番。在最广泛的解释中，摩尔定律反映了几乎所有电子元件中普遍观察到的指数增长现象：CPU 速度、RAM 和磁盘存储容量。

虽然在计算机的大部分电子组件中都可以观察到这种指数增长现象（包括硬盘密度），但它不适用于机械技术，例如那些底层的磁盘 IO。例如，如果摩尔定律适用于磁盘设备的旋转速度，那么今天的磁盘旋转速度应该是 20 世纪 60 年代初期的 2000 万倍——事实上旋转速度只提升了 8 倍。

12.4　固态磁盘

固态驱动器（Solid State Drive，SSD）即固态磁盘（又称固态硬盘）将数据存储在半导体单元中，并且没有移动部件。它们为数据传输提供低得多的延迟，因为无须像磁盘设备中所要求的那样等待磁盘或执行臂的机械运动。

> **注意**　通常将固态设备称为"磁盘"，即使它们没有旋转磁盘组件。

但是，直到过去 10 到 15 年，固态磁盘才变得很便宜，成为数据库系统的经济选择。

即使是现在，磁盘提供的单位存储空间也比 SSD 便宜得多，而且对于某些系统，只使用磁盘或组合使用 SSD 和磁盘将提供最佳的性价比。

　　SSD 和磁盘之间的性能差异不单单是指简单的快速读取问题。正如磁盘的基本架构偏爱某些 IO 操作一样，SSD 的架构偏爱不同类型的 IO。了解 SSD 如何处理不同类型的操作有助于我们做出最佳 SSD 部署决策。

> **注意** 在下面的讨论中，我们将集中讨论基于闪存的 SSD 技术，因为该技术几乎普遍用于数据库系统。但是，也有基于 DRAM 的 SSD 设备，它具有更高的成本和卓越的性能。

12.4.1　SSD 存储层次结构

　　SSD 具有三级存储层次结构。单个信息位存储在**单元**中。在单级单元（Single-Level Cell，SLC）SSD 中，每个单元仅存储一个信息位。在多级单元（Multi-Level Cell，MLC）SSD 中，每个单元可以存储两个及以上的信息位。因此，MLC SSD 设备具有更高的存储密度，但性能和可靠性较低。

　　单元按页面（通常大小为 4KB）排列，页面排列成 128KB 到 1MB 之间的块。

12.4.2　写入性能

　　由于闪存技术中写入 IO 的特殊特性，页面和块结构对 SSD 性能尤为重要。读取操作和初始写入操作只需要一个页面 IO。但是，更改页面内容需要先擦除再覆盖整个块。即使是初始写入操作也比读取操作慢得多，块擦除操作特别慢，大约需要 2ms。图 12-3 给出了页面查找、初始页面写入和块擦除的大致时间。

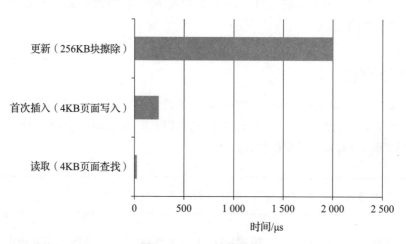

图 12-3　SSD 性能特性

12.4.3　写寿命

写入 IO 在 SSD 中还有另一个后果：在一定数量的写入操作后，单元可能会变得不可用。**写寿命**因驱动器而异，但通常处在低端 MLC 设备的 10 000 次循环和高端 SLC 设备的高达 1 000 000 次循环之间。

12.4.4　垃圾回收和损耗均衡

企业级 SSD 制造商在努力避免擦除操作带来的性能损失和写寿命带来的可靠性问题，采用复杂的算法确保最小化擦除操作并确保写入操作在设备中均匀分布。

在企业级 SSD 中，通过使用**空闲列表**和**垃圾回收**来避免擦除操作。在数据更新期间，SSD 会将要修改的块标记为无效，并将更新内容复制到从"空闲列表"检索到的空块中。稍后，垃圾回收例程将恢复无效块，将其放在空闲列表中供后续操作。一些 SSD 会将存储空间保持在驱动器的官方容量之上，以确保空闲列表不会为此目的用完空块。

损耗均衡是确保没有特定块收到不成比例的写入次数的算法。它可能是将"热"块的内容移动到空闲列表的块中，并将过度使用的块标记为不可用。

12.4.5　SATA 和 PCI

SSD 通常以如下三种形式部署：

❑ 基于 SATA 或 SAS 的闪存驱动器采用与使用传统 SAS 或 SATA 连接器挂载的其他磁性 HDD 相同的包装形式，如图 12-4 所示。

❑ 图 12-5 所示的基于 PCI 的 SSD 直接连接到计算机主板上的 PCIe 接口。NVMe（Non-Volatile Memory express，非易失性内存）规范描述了 SSD 应如何连接到 PCIe，因此这些类型的磁盘通常称为 NVMe SSD。

❑ 闪存存储服务器在具有多个高速网络接口卡的机架式服务器中提供多个 SSD。

图 12-4　SATA 和 mSATA 格式[⊖]的 SSD 驱动器

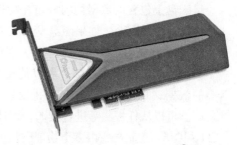

图 12-5　带 PCIe/NVMe 连接器[⊜]的 SSD

⊖　https://tinyurl.com/y4tfn3n7。
⊜　https://tinyurl.com/y6dr2tm5。

SATA 或 SAS 闪存驱动器比 PCI 便宜得多。但是，SATA 接口是专为具有毫秒级延迟的较慢设备设计的，因此会在固态驱动器服务时间上产生大量开销。基于 PCI 的设备可以直接与服务器连接并提供最佳性能。

12.4.6　对 SSD 的建议

前面介绍了很多硬件内部机制，你可能想知道如何将这些应用到自己的 MongoDB 部署中。我们将磁盘和 SSD 架构的含义总结如下：

- 只要有可能，就应该为 MongoDB 数据库使用基于 SSD 的存储。只有当有大量"冷"（很少访问）数据时，磁盘才是合适的。
- 如果正在使用混合存储技术，请记住 HDD 的单位存储空间更便宜，但吞吐量成本更高昂。换句话说，如果尝试使用 HDD 实现给定的吞吐量，你将花费更多的钱；如果尝试使用 SSD 实现一定的存储空间，你将花费更多的钱。
- 基于 PCI 的 SSD（NVMe）比基于 SATA 的 SSD 更快，而单级单元 SSD 比多级单元 SSD 更快。

12.5　存储阵列

我们通常不会将生产 MongoDB 实例配置为直接写入单个设备。相反，我们配置 MongoDB 访问多个组合成**逻辑卷**或**存储阵列**的磁盘。

12.5.1　RAID 级别

RAID（最初是廉价磁盘冗余阵列——Redundant Array of Inexpensive Disks——的首字母缩写⊖）定义了各种条带化冗余方案。术语"RAID"通常是指包括多个物理磁盘设备的存储设备，这些物理磁盘设备可以挂载到服务器并作为一个或多个逻辑设备访问。

存储设备供应商通常提供三个级别的 RAID：

- **RAID 0**：被称为"条带化"磁盘。在此构型中，逻辑磁盘由多个物理磁盘构成。逻辑磁盘上包含的数据均匀分布在物理磁盘上，因此随机 IO 也可能均匀分布。此构型中没有内置冗余，如果磁盘发生故障，则必须从备份中恢复磁盘上的数据。
- **RAID 1**：被称为磁盘"镜像"。在此构型中，逻辑磁盘由两个物理磁盘组成。如果一个物理磁盘发生故障，可以使用另一个物理磁盘继续处理。每个磁盘都包含相同的数据，并且写入操作是并行处理的，因此对写入性能的负面影响应该很小甚至没有。可以从任一磁盘进行读取，因此可以增加读取吞吐量。
- **RAID 5**：逻辑磁盘由多个物理磁盘组成。数据以类似于磁盘条带化（RAID 0）的方式跨物理设备排列。但是，物理设备上一定比例的数据是**奇偶校验数据**。如果单个物理

⊖　后由磁盘供应商改为"独立磁盘冗余阵列"（Redundant Array of Independent Disks）的缩写。RAID 系统指任意廉价的东西。

设备发生故障，此奇偶校验数据包含足够的信息来从其他磁盘上的数据进行恢复。

较低的 RAID 级别（2～4）具有与 RAID 5 相似的特征，但在实践中很少遇到。RAID 6 与 RAID 5 类似，但具有更多冗余：两个磁盘可以同时发生故障而不会丢失数据。

通常将 RAID 0 和 RAID 1 结合（通常称为 RAID 10 或 RAID 0+1）使用。这种条带化和镜像配置提供了针对硬件故障的保护，以及 IO 条带化的好处。RAID 10 有时被称为 SAME（Stripe And Mirror Everything）策略。

图 12-6 展示了各种 RAID 级别。

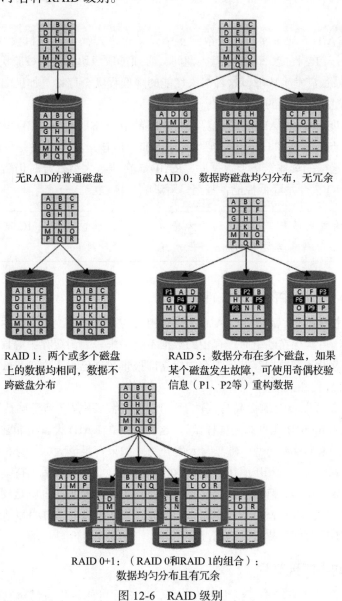

无RAID的普通磁盘

RAID 0：数据跨磁盘均匀分布，无冗余

RAID 1：两个或多个磁盘上的数据均相同，数据不跨磁盘分布

RAID 5：数据分布在多个磁盘，如果某个磁盘发生故障，可使用奇偶校验信息（P1、P2等）重构数据

RAID 0+1：（RAID 0和RAID 1的组合）：数据均匀分布且有冗余

图 12-6　RAID 级别

我们可以使用 Linux 和 Windows 提供的逻辑卷管理（Logical Volumn Management，LVM）软件通过直接挂载的磁盘设备来实施 RAID。更常见的是，RAID 在硬件存储阵列中配置。后面我们会介绍这两种方案。

12.5.2　RAID 5 写入损失

RAID 5 是最经济的架构，可提供跨多个物理磁盘分布的 IO 的容错存储。因此，它在存储设备供应商和 MIS 部门中都很受欢迎。但是，对于数据库服务器来说，这是一个非常不可靠的构型。

RAID 0 和 RAID 5 通过将负载分散到多个设备上来提高并发随机读取的性能。但是，RAID 5 会降低写入 IO 性能，因为在写入期间，必须读取源块和奇偶校验块，然后更新（总共 4 个 IO）。如果磁盘发生故障，这种写入性能的降低程度会变得更加极端，因为必须访问所有磁盘才能重建故障磁盘的逻辑视图。

从性能的角度来看，RAID 5 的优势很少，但缺点非常明显。RAID 5 导致的写入损失通常会降低检查点、驱逐和日志 IO 的性能。RAID 5 应该只用于主要是只读的数据库。即使对于数据仓库这样的读取密集型数据库，RAID 5 在执行大型聚合时仍然会导致灾难性的性能：临时文件 IO 会严重降低性能，甚至显著影响只读性能。

 注意　RAID 5 的写入损失使其不适用于大多数数据库。当临时文件 IO 发生时，即使是明确的只读数据库也会被 RAID 5 降低性能。

12.5.3　RAID 5 设备中的非易失性缓存

使用**非易失性缓存**可以减少与 RAID 5 设备相关的写入损失。非易失性缓存是带有备用电池的内存存储，可确保在断电时缓存中的数据不会丢失。因为缓存中的数据被保护以防丢失，所以允许磁盘设备在数据存储到缓存中后立即报告数据已写入磁盘。数据可以在稍后的时间点写入物理磁盘。

带电池的缓存可以极大地提高写入性能，尤其是当应用程序请求确认写入的数据已经提交到磁盘时（MongoDB 几乎总是这样做）。这种缓存在 RAID 设备中非常常见，部分原因是它们有助于减轻 RAID 5 构型中磁盘写入的开销。如果有足够大的缓存，那么突发的大量写入操作导致的 RAID 5 写入开销几乎可以消除。但是，如果写入活动持续一段时间，则缓存会被修改后的数据填满，阵列性能将降低到底层磁盘级的性能（也就是没有缓存时磁盘本身的性能），并且可能会出现性能大幅突然下降的情况，我们会非常明显地看到磁盘吞吐量突然急剧下降、响应时间大幅提升的情况。

12.5.4　自己动手实现阵列

如果你有多个设备直接挂载到主机服务器，那么你可能希望自己对它们进行条带化或镜像。该过程因系统而异，但在大多数 Linux 系统上，可以使用 mdadm 命令。

在这里，我们用两个原始设备 /dev/sdh 和 /dev/sdi 创建一个条带卷 /dev/md0。--level=0 参数表示 RAID 0 设备。

```
[root@Centos8 etc]# # Make the array
[root@Centos8 etc]# mdadm --create --verbose /dev/md0 --level=0
    --name=raid1a --raid-devices=2 /dev/sdh /dev/sdi
mdadm: chunk size defaults to 512K
mdadm: Defaulting to version 1.2 metadata
mdadm: array /dev/md0 started.

[root@Centos8 etc]# # create a filesystem on the array
[root@Centos8 etc]# mkfs -t xfs /dev/md0
meta-data=/dev/md0              isize=512    agcount=16, agsize=1047424
blks
       =                       sectsz=4096  attr=2,
  ...

[root@Centos8 etc]# # Mount the array
[root@Centos8 etc]# mkdir /mnt/raid1a
[root@Centos8 etc]# mount /dev/md0 /mnt/raid1a
Filesystem   Type 1K-blocks   Used Available Use% Mounted on
/dev/md0     xfs  67002404 501408  66500996   1% /mnt/raid1a
```

如果我们创建了多个 RAID 0 设备，我们可以使用 RAID 1 组合它们来创建 RAID 10 构型。

12.5.5　硬件存储阵列

许多 MongoDB 数据库使用直接挂载的存储设备——运行 mongod 实例的服务器对于使用 SATA、SAS 或 PCIe 接口直接挂载到服务器的存储设备具有完全且独占的访问权限。但是，由称为存储阵列的外部存储设备提供存储空间和 IO 的情况也同样常见。

存储阵列提供以某种 RAID 构型构成的设备池的共享访问，以提供高可用性。通常有一个非易失性内存缓存，即使在电源故障的情况下，它也能确保缓存中的数据写入磁盘。

存储阵列通过本地网络接口（通常是专用接口）连接到服务器，并为服务器提供块设备，该设备提供直接挂载的磁盘驱动器的所有功能。

各种硬件供应商提供了各种各样的存储阵列构型。对于 MongoDB 服务器，存储阵列的关键注意事项如下：

❑ 无论硬件存储阵列的内部配置有多好，每个 IO 请求都会增加网络延迟。与优化的直接挂载的 IO 相比，硬件存储阵列可能具有更高的延迟。

❑ 存储阵列的内部配置很重要，有关 HDD 与 SSD、PCI 与 SATA 以及 SLC 与 MLC 的建议都适用于硬件存储阵列。

❑ 硬件存储阵列供应商通常会试图说服你，它们的 RAID 5 配置比 RAID 10 更经济。然而，根据数十年的数据库 IO 经验我不认同这一点，RAID 5 呈现出一种虚假的

"经济性"，通常会增加吞吐量的成本，即使它降低了单位存储空间的成本。

 提示 在考虑 IO 子系统时，请记住必须为吞吐量与单位存储空间支付一样多的费用。RAID 5 的单位存储空间似乎更具成本优势，但实现所需的写入 IO 速率更加困难，最终可能使 IO 成本更高昂。

12.6　云存储

在云环境中，底层硬件架构通常是不清楚的。但是，云供应商提供了各种块存储设备，每一种都有特定的延迟和吞吐量服务级别。

表 12-2 给出了 AWS 云上的一些可用卷类型。谷歌云平台（Google Cloud Platform，GCP）和微软 Azure 都提供了类似的产品。

表 12-2　AWS 卷类型

卷类型	描　　述
一般用途的 SSD	这些卷基于商业 SSD，IO 限制取决于购买的存储空间大小。用于配置卷的 SSD 数量由购买的存储空间大小决定。100GB 的卷可提供 300IOPS
预置 IOPS SSD	这些 SSD 卷提供了一个特定的 IO 级别，与配置的存储空间无关。这意味着 SSD 设备的数量取决于 IO 要求，而不是存储
吞吐量优化 HHD	针对顺序读取和写入操作优化的高性能磁盘卷
冷 HHD	针对低成本存储进行了优化的廉价磁盘
实例存储	实例存储（或临时磁盘）是直接挂载到托管在 EC2 VM 的物理机的 HDD、SATA SSD 或 NVMe SSD 设备。临时 NVMe 磁盘是所有设备类型中速度最快的，但与所有临时磁盘一样，如果实例发生故障，数据会丢失，因此不应将这些用于 MongoDB 数据文件

我们优化 IO 的指导原则是根据 IO 速率而不是存储容量来配置磁盘。因此，如果安装 MongoDB 时配置基于云的 VM，我们通常会选择提供 IOPS SSD 的磁盘类型。在 AWS 中，这意味着选择预置 IOPS SSD，在 GCP 中意味着选择 SSD 永久性磁盘类型，在 Azure 中意味着选择优质 SSD 磁盘。

从通过专用网络连接到虚拟机的外部磁盘阵列可以构建出上面提到的各类磁盘。如果需要让直接挂载的设备（如 NVMe 挂载的 SSD）的性能更高，则可以考虑 AWS Nitro 构型，它在高性能 EC2 虚拟机中提供高速直接挂载的磁盘设备。

 提示 为 MongoDB 服务器配置基于云的虚拟机时，可使用预置的 IOPS SSD、优质 SSD 磁盘或 SSD 永久性磁盘。请根据所需的 IO 容量而不是存储容量来选择设备。

MongoDB Atlas 中的磁盘设备

配置 MongoDB Atlas 集群时，需要配置集群所需的最大吞吐量（IOPS）。在幕后，Atlas 从你选择的云平台挂载具有所需吞吐量的预置 SSD 设备。

12.7　MongoDB IO

既然我们已经回顾了各类存储设备的性能特点，接着我们来看 MongoDB 是如何使用这些设备的。

在以 WiredTiger 作为存储引擎的 MongoDB 标准配置中，MongoDB 主要执行三种类型的 IO 操作：

❑ **临时文件 IO**：涉及对 dbPath 目录中的 _tmp 目录的读取操作和写入操作。这些 IO 发生在磁盘排序或磁盘聚合时。我们在第 7 章和第 11 章中讨论了这些操作。这些 IO 通常涉及顺序读取操作和顺序写入操作。

❑ **数据文件 IO**：发生在 WiredTiger 读取和写入 dbPath 目录中的集合文件和索引文件时。对索引文件的读取操作和写入操作往往是随机的（尽管索引扫描可以是顺序的），而对集合文件的读取操作和写入操作可能是随机的也可能是顺序的。

❑ **日志文件 IO**：在 WiredTiger 存储引擎写入"预写"日志（journal）文件时发生。这些是顺序写入 IO。

图 12-7 展示了各种类型的 MongoDB IO。

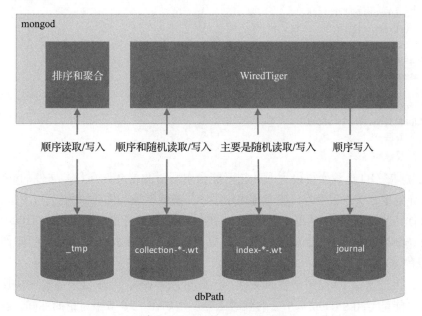

图 12-7　MongoDB IO 架构

12.7.1　临时文件 IO

当 MongoDB 聚合请求无法在内存中执行且 allowDiskUse 子句设置为 true 时，会发生临时文件 IO。在这种情况下，多余的数据将被写入 dbPath 中 _tmp 目录下的临时文件。

例如，在这里我们看到正在进行三个磁盘排序，每个都写入 _tmp 目录中的唯一文件中：

```
$ ls -l _tmp
total 916352
-rw-------. 1 mongod mongod 297770960 Sep 26 05:19 extsort-sort-executor.3
-rw-------. 1 mongod mongod 223665943 Sep 26 05:19 extsort-sort-executor.4
-rw-------. 1 mongod mongod  99258259 Sep 26 05:19 extsort-sort-executor.5
```

读取和写入这些文件的 IO 量不会直接暴露在 db.serverStatus() 或监控工具中，因此很容易 "被忽视"。实际上，你可能只能在 MongoDB 日志中，并且只有在设置了慢查询设置（请参阅第 3 章）时才能找到磁盘排序的证据：

```
[root@Centos8 mongodb]# tail mongod.log |grep '"usedDisk"'|jq
{
 <snip>
  "msg": "Slow query",
  "attr": {
    "type": "command",
    "ns": "SampleCollections.baseCollection",
    "appName": "MongoDB Shell",
    "command": {
      "aggregate": "baseCollection",
<snip>
    "planSummary": "COLLSCAN",
    "keysExamined": 0,
    "docsExamined": 1000000,
    "hasSortStage": true,
    "usedDisk": true,
<snip>
    "protocol": "op_msg",
    "durationMillis": 28011
  }
}
```

当磁盘排序 IO 负载变得极大时，它可能会中断对数据文件和日志文件的 IO 操作。因此，除了导致聚合管道缓慢外，磁盘排序还很容易造成普遍的性能瓶颈。

如果你认为临时文件 IO 可能会是一个问题，那么应该考虑增大 internalQueryMaxBlockingSortMemoryUsageBytes 配置参数。此更改可能允许在内存中满足这些操作并避免到 _tmp 目录的 IO 操作。

此外，由于这些 IO 仅用于临时文件，因此可以考虑将 _tmp 目录绑定在快速易失性介质上。它可能是专用 SSD 或基于云的临时磁盘。正如在 12.6 节中讨论的那样，在云托管的

VM 中，通常可以配置快速、直接挂载的在 VM 重新启动时不会持续存在的磁盘。这些设备可能适用于 _tmp 目录。

不幸的是，在当前的 MongoDB 实现中，无法将 _tmp 直接映射到专用设备。唯一的选择是将其他所有内容映射到专用设备，这是可能的，但在大多数情况下可能有点不切实际。有关该过程，请参见 12.7.3 的"跨多个设备拆分 datafile"部分。

12.7.2　日志文件 IO

当 MongoDB 更改 WiredTiger 缓存中的文档镜像时，修改后的"脏"副本不会立即写入磁盘。修改后的页面只在检查点出现时才写入磁盘。有关检查点的内容见第 11 章。

为了确保在服务器发生故障时不会丢失数据，WiredTiger 会将所有更改写入日志文件。日志文件是预写日志（Write-Ahead Log，WAL）模式的一个示例，这种模式在数据库系统中已使用了数十年。预写日志的优点是可以顺序写入，而且对于大多数设备（尤其是磁盘）来说，顺序写入可以实现比随机写入更大的吞吐量。

MongoDB 通过 db.serverStatus() 输出的"wiredTiger"部分的"log"子部分暴露 WiredTiger 日志统计信息：

```
rs1:PRIMARY> db.serverStatus().wiredTiger.log
{
        "busy returns attempting to switch slots" : 1318029,
        "force archive time sleeping (usecs)" : 0,
        "log bytes of payload data" : 83701979208,
        "log bytes written" : 97884903040,
         ...
        "log sync operations" : 415082,
        "log sync time duration (usecs)" : 47627625426,
        "log sync_dir operations" : 936,
        "log sync_dir time duration (usecs)" : 331288246,
         ...
}
```

在上述输出片段中，以下统计数据最有用：

❑ 写入的日志字节数：写入日志文件的数据量。

❑ 日志同步操作：日志"同步"操作的数量。当内存中保存的日志信息刷新到磁盘时，就会发生同步操作。

❑ 日志同步持续时间（单位为 μs）：同步操作所用的时间。

通过监控这些指标，我们可以确定数据写入日志文件的速率以及将数据刷新到磁盘时产生的延迟。刷新操作所花费的时间特别重要，因为 MongoDB 会话必须等待这些刷新发生。

以下命令计算自服务器启动以来的平均日志同步时间：

```
rs1:PRIMARY> var journalStats = db.serverStatus().wiredTiger.log;
rs1:PRIMARY> var avgSyncTimeMs =
```

```
...     journalStats['log sync time duration (usecs)'] / 1000 /
        journalStats['log sync operations'];
rs1:PRIMARY> print('Journal avg sync time (ms)', avgSyncTimeMs);
Journal avg sync time (ms) 114.07684435539662
```

平均日志同步时间是日志磁盘争用最敏感的衡量标准。但是，日志同步的预期时间取决于工作负载的性质。在更新小文档的情况下，我们希望日志同步时间非常短，因为要写入的平均数据量很小。另外，批量加载大量文档可能会导致更高的平均时间。尽管如此，我们还是不希望看到超过100ms的同步时间，之前114ms的同步时间就需要注意了。

在我们的调优脚本（见第3章）中，我们计算了一些与日志相关的统计数据，所有这些统计数据都以"log"开头。例如，在以下示例中，我们检索5s内的日志统计信息：

```
rs1:PRIMARY> mongoTuning.monitorServerDerived(5000,/^log/)
{
  "logKBRatePS": "888.6250",
  "logSyncTimeRateMsPS": "379.9926",
  "logSyncOpsPS": "6.2000",
  "logAvgSyncTime": "61.2891"
}
```

在这个例子中，我们看到服务器每秒写入大约888KB的日志数据，并且每秒将数据刷新到磁盘大约6次，每次刷新大约需要61ms。

不幸的是，日志同步时间没有"固定不变的"值。执行相同逻辑工作量的工作负载可能会导致截然不同的日志活动，具体取决于"按批"分配到每个语句中的工作量。例如，考虑以下更新语句：

```
db.iotData.find({ _id: { $lt: limit } }, { _id: 1 }).
    forEach(id => {
    var rc = db.iotData.update(
      { _id: id['_id'] },
      { $inc: { a: 1 } },
      { multi: false }
    );
  });
```

该语句会生成大量单独的更新子句，因此会产生大量的小型日志写入操作。但是，以下语句执行相同的工作，但是在单个语句中完成。它导致的日志写入操作更少，但每次写入的日志内容更多。

```
db.iotData.update(
  { _id: { $lt: limit } },
  { $inc: { a: 1 } },
  { multi: true }
);
```

图12-8展示了上述语句的效果。一次批量更新会导致更少的日志写入操作，但每次写

入操作需要更长的时间。请注意，批量更新的日志总时间最少。

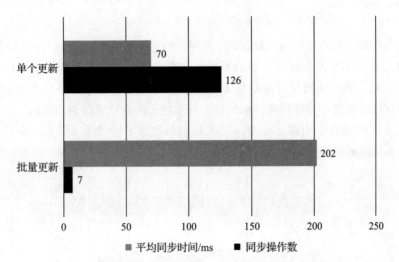

图 12-8　批量更新导致更少但内容更多的日志同步写入操作

> **注意**　平均日志"同步"时间是日志写入 IO 争用的最佳指示。但是，平均时间在很大程度上取决于工作负载，并且此延迟没有"固定不变的"值。

将日志文件移至专用设备

因为日志文件的 IO 操作在本质上与其他数据文件的 IO 操作完全不同，并且数据库修改通常必须等待日志写入完成，所以在某些情况下，我们可能希望将日志挂载到专用的高速设备。此过程涉及安装新的外部磁盘设备并将日志文件移动到该设备。

以下是将日志文件移动到位于 **/dev/sde** 上的专用设备的示例：

```
$ # go to the dbpath directory
$ cd /var/lib/mongodb

$ # Stop the Mongod service
$ service mongod stop
Redirecting to /bin/systemctl stop mongod.service

$ # Mount /dev/sde as the new journal device
$ # and copy existing journal files into it

$ mv journal OldJournal
$ mkdir journal
$ mount /dev/sde journal
$ cp -p OldJournal/* journal

$ # Set permissions including selinux
$ chown -R mongod:mongod journal
```

```
$ chcon -R -u system_u -t mongod_var_lib_t journal
$ service mongod start
Redirecting to /bin/systemctl start mongod.service
```

我们还需要通过将适当的端点添加到 /dev/fstab 来确保该新设备已永久挂载。

移动日志文件不是一件轻而易举的事情，只有在你有非常强烈的动机来优化写入性能时才应该这样做。然而，效果可能是显著的。图 12-9 比较了挂载在外部 HDD 或 SSD 上的日志延迟和将日志放置在与数据文件相同的文件系统上的默认情况下的延迟。

将日志文件移动到专用磁盘会增加写入日志条目的平均时间。但是，将日志文件移至专用高速设备显然减少了平均同步时间。

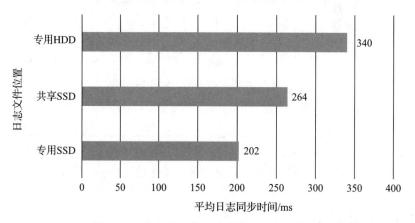

图 12-9　将日志文件移动到专用设备的效果

> 🎯 提示　因为日志文件的 IO 操作在本质上与数据文件的 IO 操作完全不同，所以值得将日志文件移到专用的高速设备。

12.7.3　数据文件 IO

对于大多数数据库来说，读取次数远远多于写入次数。即使系统是更新密集型的，也必须先读取数据，然后才能写入。只有当工作负载几乎完全由批量插入操作组成时，写入性能才会成为主导因素。

第 11 章详细讨论了 WiredTiger 缓存在避免磁盘读取方面的作用。如果可以在缓存中找到文档，则不需要从磁盘读取它，并且对于典型的工作负载，预计 90% 以上的文档读取都可以在缓存中进行。

当在缓存中找不到数据时，必须从磁盘中读取。读入缓存的 IO 记录在 db.serverStatus() 输出的 wiredTiger.cache 部分的以下两个统计信息中：

❑ **将应用线程页面从磁盘读取到缓存的计数**：这会记录将数据从磁盘读取到 WiredTiger

缓存的次数。

❑ **将应用线程页面从磁盘读取到缓存的时间**（单位为 μs）：这会记录将数据从磁盘移动到缓存所花费的时间。

从磁盘将页面读取到缓存所需的平均时间是 IO 子系统运行状况的一个很好的指标。我们可以从 `db.serverStatus()` 计算平均时间：

```
mongo> var cache=db.serverStatus().wiredTiger.cache;
mongo> var reads=cache
    ['application threads page read from disk to cache count'];
mongo> var time=cache
    ['application threads page read from disk to cache time (usecs)'];
mongo> print ('avg disk read time (ms):',time/1000/reads);
avg disk read time (ms): 0.10630484187820192
```

虽然将页面读取到缓存的平均时间严格取决于硬件配置，并且在一定程度上取决于工作负载，但这是一项比较好的经验指标。如果时间超过了磁盘设备的正常读取时间，那就有问题了！

通常，磁盘到缓存的平均读取时间应小于 10ms，即使使用的是磁盘。如果磁盘子系统位于固态磁盘设备上，则平均读取时间通常应低于 1ms。

 提示　如果将页面从磁盘加载到缓存的平均时间超过 2ms，那么 IO 子系统可能过载了。如果使用的是磁盘，那么平均时间可能会接近 10ms。

1. 数据文件写入

正如在第 11 章中所讨论的，WiredTiger 将数据异步地写入数据文件，并且在大多数情况下，应用程序不需要等待这些写入操作。如前所述，应用程序通常只会等待日志的写入操作完成。

然而，如果写入 IO 操作成为瓶颈，那么驱逐进程将阻塞操作，直到缓存中的"脏"（修改后的）数据被充分清除。这些等待行为很难监控，但我们在第 11 章讨论了优化检查点和驱逐处理的选项，以试图减少这些等待行为。

从缓存到磁盘的写入操作会记录在 `db.serverStatus()` 输出的 `wiredTiger.cache` 部分的以下两个指标中：

❑ **将应用线程页面从缓存写入磁盘的计数**：从缓存写入磁盘的次数。

❑ **将应用线程页面从缓存写入磁盘的时间**（单位为 μs）：从缓存写入磁盘所花费的时间。

虽然我们可以根据这些指标计算平均写入时间，但很难解释结果。从磁盘读取的页面通常应该是可预测的，但写入磁盘的时长可能会发生较明显的变化，因此，基于工作负载波动平均写入时间会变化。因此，最好使用**平均读取时间**作为数据文件 IO 运行状况的主要指标。

2. 跨多个设备拆分数据文件

磁盘布局的常规做法是将所有数据文件放在由配置为 RAID 10（条带化 RAID 和镜像 RAID）的磁盘阵列支持的单个文件系统上。但是，在某些情况下，可能需要将数据文件的特定元素映射到专用设备。

例如，你的服务器可能包含一个数据库，该数据库包含大量"冷"存档数据，以及少量经常修改的"热"数据。将冷数据托管在廉价磁盘并将热数据托管在优质 SSD 是经济且明智的做法。

跨多个设备拆分数据文件是可能的。但是，如果在初始数据库创建期间计划好它会更容易。directoryPerDB 和 directoryForIndexes 配置参数会使每个数据库的数据文件存储在它们自己的目录中，并且使索引文件和集合文件位于单独的子目录中。

以下是设置这两个参数的配置文件示例：

```
# Where and how to store data.
storage:
  dbPath: /mnt/mongodb/mongoData/rs1
  directoryPerDB: true
  journal:
    enabled: true
wiredTiger:
  engineConfig:
    cacheSizeGB: 16
    directoryForIndexes: true
```

此服务器的 dbPath 目录如下：

```
├── _tmp
├── admin
│   ├── collection
│   │   ├── 13--4198012028851022452.wt
│   │   ├── 21--4198012028851022452.wt
│   │   └── 23--4198012028851022452.wt
│   └── index
│       ├── 14--4198012028851022452.wt
│       ├── 22--4198012028851022452.wt
│       ├── 24--4198012028851022452.wt
│       └── 25--4198012028851022452.wt
├── config
│   ├── collection
│   │   ├── 17--4198012028851022452.wt
│   │   ├── 19--4198012028851022452.wt
│   │   └── 34--4198012028851022452.wt
│   └── index
│       ├── 18--4198012028851022452.wt
│       ├── 20--4198012028851022452.wt
│       ├── 35--4198012028851022452.wt
```

```
|         └── 36--4198012028851022452.wt
├── diagnostic.data
|         └── metrics.2020-10-04T07-12-03Z-00000
├── journal
|         ├── WiredTigerLog.0000000014
|         ├── WiredTigerPreplog.0000000014
|         └── WiredTigerPreplog.0000000015
├── sizeStorer.wt
└── storage.bson
```

可以看到，每个数据库现在都有自己的目录，其中包含用于集合文件和索引文件的子目录。要将数据库转移到专用设备，我们可以按照之前将日志文件移动到专用设备的步骤进行操作。例如，如果我们有一个包含不常访问归档文件的数据库，则可以将它绑定在便宜的 HDD 上，而不是绑定在可能存储服务器其余数据的快速 SSD 上。

12.8　检测和解决 IO 问题

如前所述，IO 子系统类型、MongoDB IO 操作以及创建 IO 的工作负载有很多变化。既然已经回顾了这些内容，是时候面对 IO 调优的两个关键问题了：

❑ 如何知道 IO 子系统是否过载？

❑ 面对过载的 IO 子系统，该怎么办？

我们已经回顾了 IO 过载的一些症状，例如，将页面数据从磁盘读取到缓存的平均时间不应超过 2ms（对于基于 SSD 的 IO）。

我们还可以通过查看操作系统统计信息来寻找 IO 过载的证据。如前所述，过载的 IO 子系统会出现队列。用操作系统命令可以看到这种队列。

在 Linux 中，我们可以使用 iostat 命令查看磁盘统计信息。在这里，我们查看 sdc 设备（这是在此服务器上托管 MongoDB dbPath 目录的设备）的汇总统计信息[○]：

```
# iostat -xm -o JSON sdc 5 2 |jq
      {
        "avg-cpu": {
          "user": 45.97,
          "nice": 0,
          "system": 3.63,
          "iowait": 1.81,
          "steal": 0,
          "idle": 48.59
        },
        "disk": [
```

○　可能需要安装 sysstat 包才能启用 iostat 命令。

```
                    {
                      "disk_device": "sdc",
                      "r/s": 0.4,
                      "w/s": 49.2,
                      "rkB/s": 15.2,
                      "wkB/s": 2972,
                      "rrqm/s": 0,
                      "wrqm/s": 0.4,
                      "rrqm": 0,
                      "wrqm": 0.81,
                      "r_await": 15.5,
                      "w_await": 42.55,
                      "aqu-sz": 2.08,
                      "rareq-sz": 38,
                      "wareq-sz": 60.41,
                      "svctm": 0.87,
                      "util": 4.32
                    }
                  ]
                }
```

在此输出中，`aqu-sz` 统计信息指示磁盘队列的长度。值越大表示队列越长，也表示设备过载。`r_await` 统计信息指示服务读取 IO 请求的平均时间（以 ms 为单位），高于 10ms 可能表明设备过载或配置不对。在网络连接设备的情况下，它可能表示网络传输时间过长。

在 Windows 中，原始性能计数器可从 PowerShell 获得：

```
PS C:\Users\guy> Get-Counter -Counter '\\win10\physicaldisk(_total)\% disk
time'
Timestamp            CounterSamples
---------            --------------
4/10/2020 4:11:56 PM    \\win10\physicaldisk(_total)\% disk time :
                        0.201584556251408
PS C:\Users\guy> Get-Counter -Counter '\\win10\physicaldisk(_total)\current
disk queue length'

Timestamp            CounterSamples
---------            --------------
4/10/2020 4:12:24 PM    \\win10\physicaldisk(_total)\current disk queue
length :

                        0
```

 提示　磁盘 IO 瓶颈的最佳指示是将页面读取到 WiredTiger 缓存的平均等待时间高于平常。在操作系统层面，队列长度过长也是故障的标志。

当有 IO 瓶颈时，有两种补救措施：

❏ 减少对 IO 子系统的需求。

❏ 增加 IO 子系统的带宽。

减少对 IO 子系统的需求是本书前几章的主题。创建索引、优化 schema、调优聚合等都可以减少逻辑 IO 请求的数量，从而减少对物理 IO 子系统的需求。配置 WiredTiger 缓存有助于减少转变成物理 IO 的逻辑 IO 数量。

本章的重点是优化物理 IO。然而，在对 IO 子系统进行任何重组之前，一定要确保已经尽一切努力减少了需求。特别是，能否为 WiredTiger 缓存留出更多内存？是否有单独的查询主导 IO，它可以进行优化吗？如果没有，那么是时候考虑增加 IO 子系统的容量了。

12.9　增加 IO 子系统带宽

在"过去"，当数据库在专用硬件设备上运行时，解决 IO 子系统瓶颈的方法相对简单：添加更多磁盘或让磁盘更快。这仍然是基本的解决方案，尽管它可能会被磁盘阵列、云存储设备等提供的抽象层所掩盖。

我们来考虑可以采取哪些措施来增加 IO 带宽，具体取决于硬件平台的性质。

12.9.1　带专用磁盘的专用服务器

如果 MongoDB 服务器托管在具有直接挂载磁盘的专用服务器上，那么有以下选择：

❏ 如果直接挂载的磁盘是多级单元（MLC）SSD 或磁盘，那么应该考虑将它们替换为高速单级单元（SLC）设备。SLC 设备的延迟显著低于 MLC 设备，尤其是对于写入操作。由于简单的垃圾回收算法，廉价的 MLC 设备通常会表现出较差的持续写入吞吐量。

❏ 考虑使用 NVMe/PCI 挂载的 SSD，而不是基于 SATA 或 SAS 的设备。

❏ 如果服务器有用于额外磁盘的空闲插槽，则可以添加额外的设备并在所有磁盘上条带化数据，或者就像前面介绍的那样通过将日志文件或数据文件重新定位到专用设备来将 IO 分段。

这些操作中的每一个都涉及数据移动和大量停机时间。因此，如果有更简单的替代方案（例如向服务器添加更多 RAM），则应该优先使用这些策略。

📌提示　在具有直接挂载设备的专用服务器上，可以考虑将速度较慢的 SSD 或 HDD 替换为高性能设备，或者挂载更多设备并将数据分布在其他设备上。

12.9.2　存储阵列

如果你的 IO 服务是由存储阵列提供的，并且遇到了 IO 瓶颈，那么应该检查以下内容：

❏ 阵列中有哪些类型的设备？出于经济性，一些存储阵列混合使用磁盘和 SSD。然而，这种混合阵列提供的性能不可预测，尤其是对于数据库工作负载。如果可能，存储阵列应只包含高速 SSD。

❏ 阵列中是否有足够的设备？阵列的最大 IO 带宽将由阵列中的设备数量决定。大多数阵列允许在不停机的情况下添加额外的设备：这可能是增加阵列 IO 容量最简单的方法。

❏ 阵列中使用的 RAID 级别是什么？对于数据库工作负载，大多采用 RAID 10（SAME），而几乎不采用 RAID 5 或 6。如果供应商试图告诉你它们的 RAID 5 具有某种可以避免 RAID 5 写入损失的技术，请保持谨慎，RAID 5 对于大部分数据库工作负载来说都不是好的选择。

 对于依赖存储阵列 IO 的数据库服务器，请确保使用的设备是高速 SSD，有足够的 SSD 来满足 IO 要求，并且 RAID 配置是 RAID 10，而不是 RAID 5 或 RAID 6。

12.9.3 云存储

如果服务器在 AWS、Azure 或 GCP 等云环境中运行，那么增加 IO 带宽的常用方法是重新配置虚拟磁盘。只需单击几下即可更改任何挂载的磁盘的类型和预置吞吐量（IOPS）。在某些情况下，需要重新启动 VM 才能应用更改的配置。

图 12-10 展示了调整 AWS 卷的大小是多么容易。在这里，我们修改了挂载到 EC2 虚拟机的 EBS 卷的最大吞吐量。

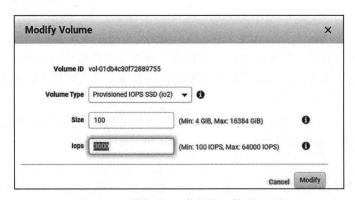

图 12-10　更改 AWS 卷的吞吐量（IOPS）

12.9.4 MongoDB Atlas

更改基于 Atlas 的服务器的 IO 级别甚至更容易。Atlas 控制台允许你选择所需的 IOPS 级别。不需要重新启动服务器，尽管随着更改迁移到副本集会发生一系列 IO 降级。Atlas 中配置 IO 的界面如图 12-11 所示。

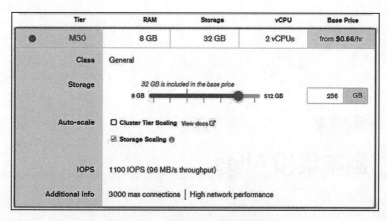

图 12-11　调整 Atlas 服务器的 IO

> 🎯 **提示**　对于 AWS、Azure、GCP 或 Atlas 上基于云的 MongoDB 服务器，只需单击几下即可更改 IO 带宽，有时无须停机！

12.10　小结

一旦你尝试了避免物理 IO（通过减少工作负载和优化内存）的所有可行的方法，那么就可以考虑配置 IO 子系统，使其满足最终的 IO 需求。

单个 IO 的延迟称为**延迟**或**服务时间**，通常以 ms 为单位。单位时间内可以完成的 IO 量称为**吞吐量**，通常以每秒 IO 操作数（IO Operations Per Second，IOPS）为单位。

延迟和吞吐量之间存在反比关系：吞吐量越高，延迟越长。请注意，即使你成功地让数据库响应能力更强，也可能会导致单个事务产生的延迟无法接受。

检测磁盘瓶颈的最佳方法是测量从磁盘将页面读取到 WiredTiger 缓存所用的平均时间。如果平均时间大于 2ms，那么就有改进的余地。

固态磁盘（Solid State Disk，SSD）提供的延迟远低于磁盘。在 SSD 中，单级单元（Single-Level Cell，SLC）设备优于多级单元（Multi-Level Cell，MLC）设备，通过 NVMe 挂载的设备优于通过 SATA 或 SAS 接口挂载的设备。

吞吐量通常是通过使用多个磁盘设备和跨设备条带化数据来实现的。只有获得足够的磁盘以满足总体 IO 需求，才能实现吞吐量目标。另外，也可以直接在专用设备上挂载日志文件或特定数据库目录。

配置磁盘阵列的两种最流行的方法是使用 RAID 5 和 SAME（RAID 10）。RAID 5 对写入性能造成了非常严重的损失，即使对于只读数据库也不推荐使用。基于性能考虑，SAME 是更好的选择。

副本集和 Atlas

到目前为止，我们已经考虑过单例 MongoDB 服务器（不属于集群的服务器）的性能调优。但是，大多数生产环境中的 MongoDB 实例都被配置为副本集，因为只有这种配置才能为如今"永远在线"的应用程序提供足够的高可用性保证。

前几章介绍的调优原则在副本集配置中均无效。然而，副本集为我们提供了一些额外的性能挑战和机会，本章将介绍这些挑战和机会。

MongoDB Atlas 为我们提供了一种创建云托管、完全托管的 MongoDB 集群的简单方法。除了提供便利和经济优势外，MongoDB Atlas 还包含一些独特功能，这些功能有改进性能的机会，也存在挑战。

13.1　副本集基础

第 2 章介绍了副本集。遵循最佳实践原则的副本集一般由一个主节点和两个或多个辅助节点组成。建议使用三个或更多节点，总节点数为奇数。主节点接受所有同步或异步传播到辅助节点的写入请求。在主节点发生故障的情况下，集群将重新选举，某个辅助节点会被选为新的主节点，并且数据库操作可以继续，不受影响。

在默认配置中，副本集的性能影响是最小的。所有读取操作和写入操作都将定向到主节点，虽然主节点在将数据传输到辅助节点时会产生少量开销，但这种开销不算大。

然而，如果需要更高程度的容错能力，则可能会牺牲写入性能，因为要求写入操作必须在一个或多个辅助节点上完成，然后才能被确认。这由 MongoDB **写入策略**参数控制。此外，可以将 MongoDB 读取策略参数配置为允许辅助服务器为读取请求提供服务，从而潜在地提高读取性能。

> **注意**　为了清楚地说明读取策略和写入策略的相对影响，我们使用了地理上广泛分布的节点的副本集——分别在香港、首尔和东京，应用程序工作负载源自悉尼。这种配置的延迟比典型配置要高得多，但可以让我们更清楚地展示各种配置的相对效果。

13.2　使用读取策略

默认情况下，所有读取请求都定向到主节点。但是，我们可以设置读取策略，引导 MongoDB 驱动程序将读取请求定向到辅助节点。从辅助节点中读取更好的原因如下：

- 辅助节点可能没有主节点那么忙，因此能够更快地响应读取请求。
- 通过将读取请求定向到辅助节点，我们减少了主节点的负载，从而增加集群的写入吞吐量。
- 通过将读取请求分散到集群的所有节点，我们提高了整体读取吞吐量，因为利用了其他空闲的辅助节点。
- 通过将读取请求定向到离我们"更近"（这里指网络延迟小）的辅助节点，我们减少了网络延迟。

这些优势需要与读取"旧"数据的可能性相平衡。在默认配置中，只有主节点能保证拥有所有信息的最新副本（尽管可以通过调整写入策略参数来改变这一点）。如果从辅助节点读取，可能会得到过时的信息。

> **警告**　从辅助节点读取可能会返回过时的数据。如果无法接受，请配置写入策略参数以防止读取过时数据或默认地从主节点读取（`primary`）。

表 13-1 总结了各种读取策略。

表 13-1　读取策略设置

读取策略	影　　响
`primary`	这是默认设置。所有读取请求都定向到副本集主节点
`primaryPreferred`	读取请求定向到主节点，但如果没有可用的主节点，则定向到辅助节点
`secondary`	读取请求定向到辅助节点
`secondaryPreferred`	读取请求定向到辅助节点，但如果没有可用的辅助节点，则定向到主节点
`nearest`	读取请求定向到与调用程序的网络往返时间最短的副本集节点成员

如果你决定将读取请求路由到非主节点，则建议设置为 secondaryPreferred 或 nearest。secondaryPreferred 通常比 secondary 更好，因为如果没有可用的辅助节点，它允许将读

取请求返回到主节点。当有多个辅助节点可供选择，并且有一些节点"很远"（具有更大的网络延迟）时，nearest 会将请求路由到"最近"节点（不管是主节点还是辅助节点）。

图 13-1 提供了不同读取策略对从不同位置发起的查询的影响的示例。查询是从托管副本集成员（东京、香港和首尔）的每个节点以及不属于副本集的一个远程节点（悉尼）发出的。除非直接在主节点上发出查询，否则 secondaryPreferred 读取比 primary 读取更快。但是，nearest 始终会产生最佳的读取性能。

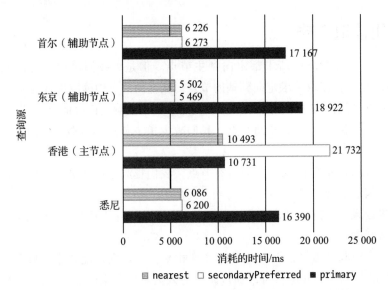

图 13-1　读取策略对读取性能的影响（读取 411 000 个文档）

 提示　secondary 读取通常比 primary 读取快。nearest 读取策略可以帮助选择具有最低网络延迟的副本集节点。

13.2.1　设置读取策略

可以在连接层或者语句层设置读取策略。要在连接到 MongoDB 时设置它，可以将策略项添加到 MongoDB URI。在这里，我们将读取策略设置为 secondary：

```
mongodb://n1,n2,n3/?replicaSet=rs1&readPreference=secondary
```

要为特定语句设置读取策略，请在与这个命令关联的选项文档中包含读取策略。例如，这里针对 NodeJS 中的查找命令将读取策略设置为 nearest：

```
const client = await mongo.MongoClient.connect(myMongoDBURI);
const collection=client.db('MongoDBTuningBook').
      collection('customers');
const options={'readPreference': mongo.ReadPreference.NEAREST};
```

```
await collection.find({}, options).forEach((customer) => {
    count++;
  });
});
```

有关在你使用的编程语言中设置读取策略的指导，请参阅相关的 MongoDB 驱动程序文档。

13.2.2　maxStalenessSeconds

可以将 maxStalenessSeconds 添加到读取策略中来控制可容忍的数据延迟。选择辅助节点时，MongoDB 驱动程序将只考虑相比主节点的数据延迟不超过 maxStalenessSeconds 的那些辅助节点。最小值为 90s。

例如，下面的 URL 指定了辅助节点的读取策略，但前提是它们的数据时间戳在主节点的 5min（300s）内：

```
mongodb://n1,n2,n3/?replicaSet=rs1\
        &readPreference=secondary&maxStalenessSeconds=300
```

 提示　maxStalenessSeconds 可以在使用 secondary 读取策略时保护你免受严重过期数据的影响。

13.2.3　标签集

标签集可用于微调读取策略。使用标签集，我们可以将查询请求定向到特定的辅助节点或辅助节点集。例如，我们可以指定一个节点作为商业智能服务器，指定另一个节点用于 Web 应用程序流量。

在这里，我们将"location"和"role"标签应用于副本集中的三个节点：

```
mongo> conf = rs.conf();

mongo> conf.members.forEach((m)=>{print(m.host);});
mongors01.eastasia.cloudapp.azure.com:27017
mongors02.japaneast.cloudapp.azure.com:27017
mongors03.koreacentral.cloudapp.azure.com:27017

mongo> conf.members[0].tags={"location":"HongKong","role": "prod" };
mongo> conf.members[1].tags={"location":"Tokyo","role":"BI" };
mongo> conf.members[2].tags={"location":"Seoul","role": "prod" };

mongo> rs.reconfig(conf);
{
  "ok": 1,
  ...
}
```

现在，我们可以在读取策略字符串中使用任一标签：

```
db.customers.
  find({ Phone: 40367898 }).
  readPref('secondaryPreferred', [{ role: 'prod' }]);
```

如果我们想将特定的辅助节点设置为用于分析的只读服务器，那么标签集是一个完美的解决方案。

我们还可以使用标签集在服务器中的节点之间平均分配工作负载。例如，考虑从 3 个集合中并行读取数据的场景。使用默认读取策略，所有读取请求都将定向到主节点。如果选择 secondaryPreferred，那么我们可能会有更多的节点参与到工作中，但是仍然有可能所有的请求都会定向到同一个节点。但是，使用标签集，我们可以将每个查询请求定向到不同的节点。

例如，我们将查询请求定向到香港：

```
db.getMongo().setReadPref('secondaryPreferred', [{
    "location": "HongKong"
}]);

db.iotData1.aggregate(pipeline, {
    allowDiskUse: true
});
```

针对集合 **iotData2** 和 **iotData3** 的查询可以类似地定向到首尔和东京。这不仅允许集群中的每个节点同时参与，还有助于提高缓存的有效性，因为每个节点都负责一个特定的集合，所以该节点的所有缓存都可以专用于对应集合。

图 13-2 展示了使用各种读取策略针对不同集合的三个同时执行的查询所花费的时间。使用 secondaryPreferred 提高了性能，但是当使用标签集在所有节点之间分配负载时，性能最佳。

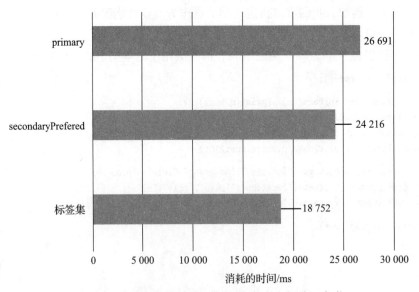

图 13-2　使用标签集在集群的所有节点之间分配负载

提示　标签集可用于将读取请求定向到特定节点。你可以使用标签集为特殊目的（例如分析）指定节点，或在集群中的所有节点之间均匀地分配读取工作负载。

13.3　写入策略

读取策略帮助 MongoDB 决定哪个服务器应该为读取请求提供服务。写入策略告诉 MongoDB 写入请求应该涉及多少台服务器。

默认情况下，当更改写入主节点的日志文件时，MongoDB 认为写入请求完成。写入策略允许你改变这个默认值。写入策略有三种设置：

- w 控制在写入操作完成之前应该有多少个节点收到写入信号。w 可以设置为一个数字，也可以设置为 majority（大多数）。
- j 控制写入操作在完成之前是否需要日志写入操作。它设置为 true 或 false。
- wtimeout 指定在返回错误之前允许执行写入策略的时间量。

13.3.1　日志记录

如果指定了 j:false，那么只要 mongod 服务器接收到，则认为写入操作完成了。如果指定了 j:true，那么只要写入预写日志，就认为写入操作完成了。

不使用日志记录是很鲁莽的，因为如果 mongod 服务器崩溃，它会丢失数据。但是，某些配置可能会让此类数据丢失。例如，在 w:1,j:true 设置中，如果服务器死机并故障转移到尚未收到写入信号的辅助节点，则数据可能会丢失。在这种情况下，设置 j:false 可能会增加吞吐量，而不会增加数据丢失的可能性。

13.3.2　写入策略 w 选项

w 选项控制在写入操作完成之前集群中有多少节点必须接收写入信号。默认设置为 1，只要求主节点接收写入请求。更高的值要求写入请求同步到更多的节点。

w:"majority" 要求大多数节点在写入操作完成之前接收写入操作。w:"majority" 对于系统来说是一个合理的默认值，这种设置认为数据丢失是不可接受的。如果大多数节点更新了，那么在任何单节点故障或网络分区场景下，新选举的主节点都可以访问该数据。

当然，写入多个节点的影响是有性能开销的。你可能会想象数据正在同时写入多个节点，但是，写入操作是对主节点进行的，然后才通过复制机制传递到其他节点。如果已经存在明显的复制延迟，则延迟可能比预期的要高得多。即使复制延迟很小，复制也只能在初始写入成功后开始，因此性能延迟总是大于 w:1。

图 13-3 展示了写入策略 {w:2,j:true} 的事件序列。只有在主节点上收到写入操作并同步到日志文件后，才会通过复制机制将其传输到辅助节点。写入操作必须同步到辅助节点

上的日志文件，然后才能完成。这些操作按顺序发生，而不是并行发生。换句话说，复制延迟被累积到了主节点写入延迟上，而不是同时出现的。

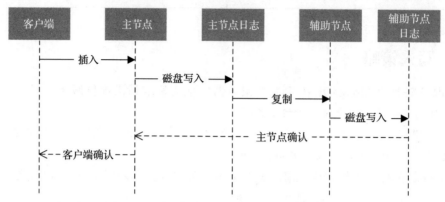

图 13-3 写入策略 {w:2,j:true} 的事件序列

图 13-4 给出了不同写入策略下插入 50 000 个文档所花费的时间。写入策略级别越高，吞吐量明显越低。

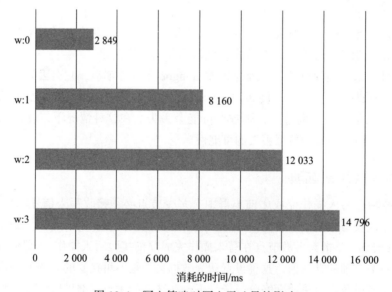

图 13-4 写入策略对写入吞吐量的影响

写入策略应该由容错要求而不是写入性能决定。但是，重要的是要意识到更高级别的写入策略可能会对性能产生重大影响。

> 💿 提示 更高级别的写入策略可能会导致写入吞吐量显著下降。但是，较低级别的写入策略可能会在服务器发生故障时导致数据丢失。

正如我们所见，w:0 可提供最佳性能。但是，即使数据没有到达 MongoDB 服务器，使用 w:0 的写入操作也可以成功完成。即使是短暂的网络故障也可能导致数据丢失，所以在大部分情况下，w:0 都不太可靠。

> ⚠️**警告**　写入策略 w:0 可能会提高性能，但代价是数据写入完全不可靠。

13.3.3　写入策略与辅助节点读取

尽管更高级别的写入策略会减慢修改（读取、更新等）工作负载，但如果整体应用程序性能以读取为主，则可能会产生不错的"副作用"。如果写入策略设置为向集群所有成员写入，那么辅助节点读取将始终返回正确的数据，即使你不能容忍过时的查询，也可以使用辅助节点读取。

但是，请注意，如果你手动设置写入策略应用的节点数，则集群中的任何故障都可能导致读取超时。

> ⚠️**警告**　将 w 设置为集群中的节点数将导致辅助节点读取始终返回最新数据。但是，如果某个节点不可用，写入操作可能会失败。

13.4　MongoDB Atlas

MongoDB Atlas 是 MongoDB 的完全托管数据库即服务（DataBase-as-a-Service，DBaaS）产品。使用 Atlas，可以从 Web 界面创建和配置 MongoDB 副本集和分片集群，而无须配置自己的硬件或虚拟机。Atlas 可以配置大多数数据库操作选项，包括备份、版本升级和性能监控。Atlas 在三大公有云（AWS、Azure 和 Google Cloud）上都可以使用。

在部署 MongoDB 集群时，Atlas 可以处理幕后的大量烦琐工作，由此提供了很多便利。然而，除了运营优势之外，Atlas 还拥有其他部署类型不具备的附加功能。这些功能包括高级分片和查询选项，它们在创建新集群时非常有吸引力。

尽管实施这些选项可能像单击按钮一样简单，但必须记住，它们也需要仔细规划和设计才能充分发挥潜力。下面将介绍这些 Atlas 功能及其对性能的影响。

13.4.1　Atlas Search

Atlas Search（以前为 Atlas Full-Text Search）是基于 Apache Lucene 构建的功能，可提供更强大的文本搜索功能。尽管所有版本的 MongoDB 都支持文本索引（参见第 5 章），但 Apache Lucene 集成提供了更强大的文本搜索功能。

Apache Lucene 的优势是通过**分析器**提供的。简而言之，分析器将确定文本索引是如何创建的。你可以创建自定义分析器，但 Atlas 提供了涵盖大多数用例的内置分析器。

在创建索引期间选择合适的分析器是改进 Atlas Search 查询结果最简单的方法之一。

注意 当我们谈论提高文本搜索的性能时，我们并不总是指查询速度。一些分析器可以通过查找出匹配得分更高（即更相关）的搜索结果来提高查询的"性能"，但也可能导致查询速度变慢。

五种内置分析器包括：

❑ **标准分析器**：所有单词都转换为小写形式并忽略标点符号。此外，标准分析器可以正确解释特殊符号和首字母缩略词，并会丢弃"and"等连接词以提供更好的结果。标准分析器会为每个"单词"创建索引条目，是最常用的索引类型。

❑ **简单分析器**：简单分析器类似于标准分析器，但在确定每个索引条目的"单词"时逻辑不太先进。所有单词都转换为小写形式。简单分析器把在任何两个不是字母的字符之间的部分作为单词来创建条目。与标准分析器不同，简单分析器不会处理连接词。

❑ **空白分析器**：如果说简单分析器是标准分析器的简化版本，那么空白分析器就是简单分析器的简化版本。单词不会转换为小写形式，会为除了空白字符外的任意字符串创建条目，无须额外处理标点符号或特殊字符。

❑ **关键词分析器**：关键词分析器将字段的整个值作为单个条目，需要完全匹配才能在查询中返回结果。这是最特别的分析器。

❑ **语言分析器**：语言分析器是 Lucene 特别强大的地方，因为它针对你可能遇到的每种语言提供了一系列预设。每个预设都将根据以该语言编写的文本的典型结构创建索引条目。

在创建 Atlas Search 索引时，没有最佳分析器可供选择，并且选择分析器时不仅仅要考虑查询速度，还必须考虑数据的特点和用户可能执行的查询类型。

我们看一个基于房地产租赁市场数据集的示例。在这个数据集中，大量的文本数据存在于各种属性中。名称、地址、描述和属性元数据以及审查、评论都存储为字符串列表。

根据分析器最适合的查询匹配类型，每个属性都适合不同类型的搜索索引。描述和评论最好由解释特定语言语义的语言索引来提供。"house"或"apartment"等属性类型与关键词分析器最匹配，因为我们想要完全匹配。其他字段可以用标准分析器正确索引，甚至可能根本不需要索引。

选择分析器时要考虑的另一个因素是创建的索引的大小。图 13-5 比较了每个分析器在小文本字段（属性名称）和大文本字段（属性描述）上的索引大小。

尽管这些结果会因文本数据而有很大差异，但该图主要说明了两件事。

首先，较小的文本字段几乎不会对索引大小产生影响（因此扫描该索引所花费的时间也不会有太大变化）。这是有道理的，因为较少数量的单词或字符只有很少量的分割方式，并且不太可能需要复杂的规则来创建索引。

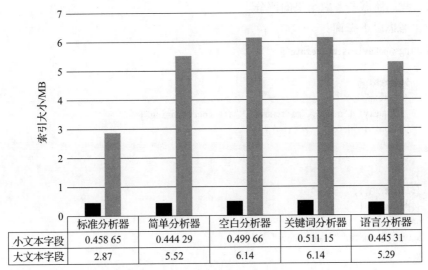

	标准分析器	简单分析器	空白分析器	关键词分析器	语言分析器
小文本字段	0.458 65	0.444 29	0.499 66	0.511 15	0.445 31
大文本字段	2.87	5.52	6.14	6.14	5.29

图 13-5　按分析器和字段长度两个维度统计的索引大小（5555 个文档）

　　其次，对于更大、更复杂的文本数据，索引的大小在不同的分析器类型之间可能会有很大差异。有时，索引大是一件好事，可以提供出色的结果和性能。但是，在创建 Atlas Search 索引时仍然需要考虑索引大小。

　　现在，我们知道不同的分析器类型对索引大小的影响，但是查询时间如何呢？图 13-6 给出了五种不同索引分析器类型下执行相同查询的执行时间。

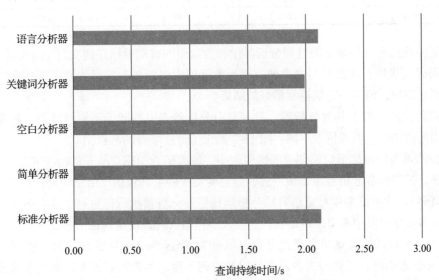

图 13-6　按索引分析器类型统计的查询持续时间（5555 个文档、1000 个查询）

如果只看这些数据，我们会认为关键词分析器将提供最佳查询性能。但是，对于任何文本搜索，我们还需要考虑结果的评分。

例如，考虑以下查询：

```
db.listingsAndReviews.aggregate([
    {
        $search: {
          text: {
            query: ["oven", "microwave", "air conditioning"],
            path: "notes",
          },
        },
    },
    {$limit: 3,},
    {$project: {
    name: 1,
    score: { $meta: "searchScore" },},},
    },
]);
```

表 13-2 给出了每种索引类型得分最高的文档。

表 13-2 不同分析器类型的性能

分析器类型	查询时间 /min	得 分	文 档
标准分析器	2.13	6.25	Studio 1 Q Leblon, Promo de...
简单分析器	2.50	6.09	Studio 1 Q Leblon, Promo de...
空白分析器	2.10	6.16	Tree Fern Garden Appt,...
关键词分析器	1.99	0	
语言分析器	2.11	5.48	Studio 1 Q Leblon, Promo de...

需要注意的第一件事是关键词分析器没有为我们的查询返回任何文档（因此得分为 0），尽管查询时间最短。这是意料之中的，因为关键词索引需要与字段的整个值完全匹配。因此，虽然它很快，但不一定能返回最好的结果。

还需要注意，对于其他分析器，只有空白分析器索引返回了不同的结果。其余分析器找到了相同的文档，但置信度不同。图 13-7 给出了这些结果的散点图。

这些结果大致对应于我们创建的索引大小，较大的索引需要更长的时间才能返回结果。有趣的是，虽然标准分析器不是最快的，但它确实提供了高置信度结果和最佳查询时间（查询时间略多）。你可能期望特定语言的分析器比标准分析器执行得更好。这个例子中，索引字段和许多其他字段中都有多种语言。当涉及用户输入时，很难保证语言统一。

你可以对自己的数据集重复此分析，尽量为 Atlas Search 找到合适的分析器。在创建 Atlas Search 索引时，必须考虑数据类型以及查询类型。尽管没有永远正确或永远错误的答案，但标准分析器可能可以提供良好的整体性能。但是，请注意，不同的分析器可能会返回不同的结果，如果为了加快查询速度而选择某个分析器，最终导致返回错误的结果，这也是不值得的。

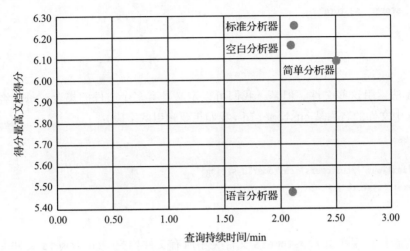

图 13-7　查询持续时间、文档得分和分析器的关系（5555 个文档、1000 个查询）

 提示　不同 Atlas Search 文本搜索分析器具有不同的性能特征。但是，最快的分析器可能不会返回最佳结果。要在结果准确性和文本搜索速度之间找到平衡。

13.4.2　Atlas Data Lake

随着大数据和 Hadoop 等技术的兴起，"数据湖"作为大量结构化或非结构化数据的集中存储库的概念变得流行起来。从那时起，它已逐步成为许多企业环境中的标准配置。MongoDB 通过引入 Atlas Data Lake 实现了"数据湖"的能力。简而言之，Atlas Data Lake 允许使用 Mongo 查询语言从 Amazon S3 存储桶中查询数据。

Atlas Data Lake 是一个强大的工具，可以将 MongoDB 系统的范围扩展到外部的非 BSON 数据，尽管它与一般的 MongoDB 数据库看起来没有太大差别，但在查询数据湖时需要考虑一些注意事项。

数据湖的第一个可能引起的麻烦就是缺乏索引。数据湖中没有索引，因此默认情况下，许多查询需要完整扫描所有文件才能实现。

但是，有一种方法可以绕过这个限制。通过创建文件名包含键属性值的文件，我们可以将文件访问权限限制在仅访问相关文件。

例如，假设数据湖设置为每个集合一个文件。`customers.json` 文件包含所有客户，它被映射到 `customers` 集合，如下所示：

```
databases: {
  dataLakeTest: {
```

```
    customers: [
        {
            definition: '/customers.json',
            store: 's3store'
        }
    ],
    }
}
```

我们无法索引这些文件。但是，我们可以定义具有多个文件的集合，每个客户对应一个文件，其中文件的名称是 customerId（我们想要索引的字段）：

```
customers: [
    {
        definition: '/customers/{customerId string}',
        store: 's3store'
    }
],
```

我们的新集合现在由 /customers 文件夹中所有文件构成。customers 文件夹中的每个文件都将由 customerID 值来命名。例如，文件 /customers/1234.json 将包含 customerId 为 1234 的所有数据。数据湖现在只需要扫描文件就可以查找查询中涉及的客户 ID，而不是扫描目录中的所有文件。你可以通过查看执行计划来了解这一点：

```
> db.customersNew.find({customerId:"1234"}).explain("queryPlanner")

{
    "ok": 1,
    "plan": {
        "kind": "mapReduce",
        "map": [{
            "$match": {
                "customerId": {
                    "$eq": "1234"
                }
            }
        }],
        "node": {
            "kind": "data",
            "partitions": [{
                "source": "s3://datalake02/customers/1234?delimiter=/&regio
                n=ap-southeast-2",
                "attributes": {
                    "customerId": "1234"
                }
            }]
        }
    }
}
```

可以看到，上述代码只访问了一个文件（分区），这个文件的文件名与分区名称匹配。

提
示　　我们可以通过创建文件名和文件内容分别对应特定键值的文件来避免扫描 Atlas Data Lake 中的所有文件。

另一个缺少索引会导致问题的情况是 $lookup。正如第 7 章中讨论的，在使用 $lookup 优化连接时，索引是非常必要的。

如果我们要连接 Atlas Data Lake 中的两个集合，我们肯定希望确保 $lookup 中提到的集合是根据连接条件进行分区的。我们可以在图 13-8 中看到这如何提高 $lookup 性能。

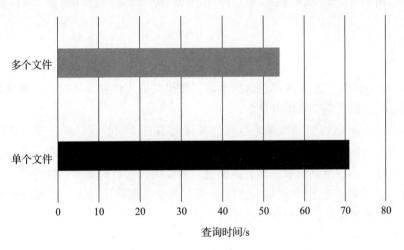

图 13-8　数据湖中不同文件结构的 $lookup 性能（5555 个文档）

此外，这种方法更具可扩展性。对单个文件进行 $lookup 时，必须为我们加入的每个客户重复扫描该文件。如果每个客户都有单独的文件，那么每次 $lookup 操作都会读取一个小得多的文件。对于单个大型文件，性能会随着文档添加到文件中而急剧下降；而对于多个文件，性能会线性扩展。

将数据拆分为多个文件有一些缺点。如你所料，在扫描整个集合时，打开每个文件都会产生开销。例如，对集合中的所有文档进行计数的简单聚合语句几乎可以在单个文件上立即完成，但当文档包含多个文件时，需要的时间要长得多。打开每个文件的开销决定了查询的性能，如图 13-9 所示。

总之，虽然不能直接在数据湖中对文件进行索引，但可以通过操作文件名来弥补部分性能损失。文件名可以成为一种高级索引，这在使用 $lookup 时特别有用。但是，如果总是访问完整的数据集，扫描性能将在单个文件上达到最佳，即如果数据集单个文件性能最佳，若数据集包含多个文件，性能会急剧下降。

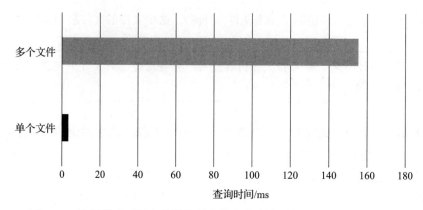

图 13-9 数据湖中不同文件结构的完整集合查询时间（254 058 个文档）

13.5 小结

大多数 MongoDB 产品实现都包含副本集以提供高可用性和容错性。副本集并非旨在解决性能问题，但它们肯定会影响性能。

在副本集中，可以设置读取策略以允许从辅助节点读取数据。辅助节点读取可以在集群中的更多节点之间分配工作，减少分布在更广地域的集群中的网络延迟，并允许并行处理工作负载。但是，辅助节点读取可能会返回过时的结果，这有时是难以接受的。

副本集写入策略控制在确认写入之前必须有多少节点确认写入。更高级别的写入策略为数据提供了更大的保证，但以牺牲性能为代价。

MongoDB Atlas 添加了至少两个影响性能的重要功能。Atlas 文本搜索允许更复杂的全文本索引，而 Atlas Data Lake 允许对低成本云存储上保存的数据进行查询。

第 14 章　Chapter 14

分　片

第 13 章介绍了最常部署的 MongoDB 配置：副本集。副本集对于需要具有可用性（单个 MongoDB 实例无法提供的性质）的现代应用程序来说是必不可少的。正如我们看到的，副本集可以通过辅助节点写入进行一些有限的读取扩展。但是，对于大型应用程序，特别是在写入工作负载超过单个集群的处理能力的情况下，可以部署分片集群。

前面介绍的所有内容都适用于分片的 MongoDB 服务器。实际上，在使用前面介绍的技术优化应用程序工作负载和单个服务器配置之前，最好不要考虑分片处理。

分片的 MongoDB 部署带来了一些重要的优化性能的机会和挑战，本章将介绍这些。

14.1　分片基础知识

第 2 章提到了"分片"。在分片数据库集群中，选定的集合跨多个数据库实例进行分区。每个分区称为"分片"。此分区基于分片键值进行。

虽然副本集旨在提供高可用性，但分片旨在提供更大的可扩展性。当工作负载（尤其是写入工作负载）超过服务器的容量时，分片机制提供了一种将工作负载分散到多个节点的方法。

14.1.1　缩放和分片

分片是一种架构模式，旨在允许数据库支持世界上最大的网站的大量工作负载。

随着应用程序负载的增长，工作负载有时会超出单个服务器的处理能力。可以通过将一些读取工作负载转移到辅助节点来扩展服务器的处理能力，但最终主节点的写入工作负载会变得太大，以至我们不能再"扩大规模"了。

当"扩大规模"无法实现时，我们转向"横向扩展"，添加更多的主节点并使用分片机制将工作负载分配到这些主节点上。

大规模分片对于现代 Web 的建立至关重要——Facebook 和 Twitter 都是使用 MySQL 进行大规模分片的早期实践者。然而，它并没有受到普遍的喜爱——使用 MySQL 进行分片涉及大量的手动配置并会破坏一些核心数据库功能。但是，MongoDB 中的分片完全集成到了核心数据库中，并且相对容易配置和管理。

14.1.2　分片概念

分片是一个很大的主题，这里无法提供所有分片注意事项的教程。请查阅 MongoDB 文档或 Nicholas Cottrell 所著的著作 *MongoDB Topology Design*（Apress 出版社 2020 年出版），以全面了解分片概念。

以下分片概念特别重要：

❏ **分片键**：分片键是决定将任意给定文档放入哪个分片的属性。分片键应该具有高基数（许多唯一值），以确保数据可以在分片之间均匀分布。

❏ **块**：文档包含在块中，块被分配到特定的分片。分块避免了 MongoDB 费力地跨分片移动单个文档。

❏ **范围分片**：使用范围分片，可将一组连续的分片键存储在同一个块中。范围分片允许有效的分片键范围扫描，但如果分片值单调增加，可能会导致"热"块。

❏ **散列分片**：在基于散列的分片中，键是基于应用于分片键的散列函数分布的。

❏ **平衡器**：MongoDB 尝试保持归属于每个分片的数据和工作负载相等。平衡器定期将数据从一个分片移动到另一个分片以保持这种平衡。

14.1.3　分片还是不分片

分片是最复杂的 MongoDB 配置拓扑，世界上一些最大、性能最好的网站都在使用分片机制。所以分片机制一定有利于性能吗？事情可能没那么简单。

分片在 MongoDB 数据库之上增加了一层复杂性和处理需求，这通常会使单个操作变慢。但是，它会让你在工作负载上投入更多的硬件资源。当且仅当遇到对副本集主节点的操作的硬件瓶颈时，分片可能是最好的解决方案。但在大多数其他情况下，分片会增加部署的复杂性和开销。

图 14-1 比较了在同等硬件上进行一些简单操作的分片集合和非分片集合的性能[⊖]。在大多数情况下，针对分片集合的操作比针对非分片集合的操作要慢。当然，每个工作负载都会

⊖ 为了公平，分片与单个副本集位于同一主机上。每个节点都有相同的缓存大小，并且没有内存瓶颈。

有所不同，关键是单独的分片并不能让事情变得更快！

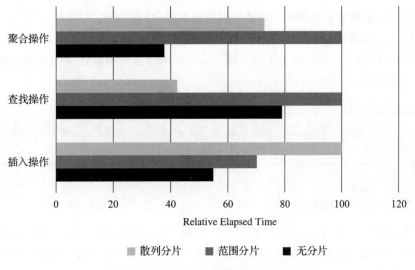

图 14-1 分片并不总是有助于提高性能

就硬件的金钱成本和运营开销而言，分片是昂贵的。它真的应该只是万不得已的手段。只有当用尽所有其他调优措施和所有"扩展"选项时，才应该考虑分片。特别是，在考虑分片之前，请确保主节点磁盘子系统已优化。购买和部署一些新的 SSD 比对主节点进行分片更容易、成本更低！

> ⚠️ **警告** 分片应该是扩展 MongoDB 部署的最后手段。确保在开始分片项目之前已优化工作负载、服务器和副本集配置。

即使你认为分片是不可避免的，也仍然应该在开始分片项目之前彻底调优数据库。如果工作负载和配置正在创建不必要的负载，那么你最终可能会创建一些不必要的分片。只有调整好工作负载，才能合理确定分片需求。

14.1.4 分片键选择

分片发生在集合层面。虽然集群中所有集合都具有相同的分片数量，但并非所有集合都需要分片，集合也不必都具有相同的分片键。

如果集合上的聚合 IO 写入需求超过单个主节点的处理能力，则应该对集合进行分片。我们主要根据以下标准选择分片键：

❑ 键应该具有**高基数**，以便在必要时可以将数据分成小块。

❑ 键应该具有**均匀分布**的值。如果某个值特别常见，那么分片键可能不是一个好的选择。

❑ 键应该**经常包含在查询中**，以便可以将查询路由到特定的分片。

❑ 键应该是**非单调递增**的。当分片键值单调增加时（例如，总是增加一个固定值），新文档出现在同一个块中，导致"热"点。如果确实有单调递增的键值，请考虑使用散列分片键。

> **提示** 选择正确的分片键对于分片项目的成功至关重要。分片键应支持跨分片的文档尽量均衡，并支持尽可能多的查询过滤条件。

14.1.5　范围分片与散列分片

跨分片的数据分布可以是基于范围的，也可以是基于散列的。在范围分片中，每个分片都分配有特定范围的分片键值。MongoDB 参考索引中键值的分布，确保为每个分片分配大致相同数量的键。在散列分片中，键是基于应用于分片键的散列函数分布的。

每种方案都有优点和缺陷。图 14-2 展示了插入操作和范围查询的范围分片和散列分片的性能权衡。

范围分片允许高效执行分片键范围扫描，因为这些查询通常可以通过访问单个分片来解决。散列分片需要通过访问所有分片来解决范围查询。另外，散列分片更有可能在集群中均匀分布"热"文档（例如未完成的订单或最近的帖子），从而更有效地平衡负载。

> **提示** 散列分片的分片键导致数据和工作负载分布更均匀。但是，它们会导致基于范围的查询的性能不佳。

散列分片的分片键会导致数据分布更均匀。然而，正如我们将看到的，散列分片键确实为各种查询操作带来了重大挑战，尤其是那些涉及排序或范围查询的操作。此外，我们只能对单个属性进行散列处理，而我们理想的分片键通常由多个属性组成。

有一个用例清楚地说明了散列分片键是更合适的选择。如果必须对单调递增属性进行分片，那么范围分片策略将导致所有新文档都插入一个分片中。这个分片对插入操作而言会变成"热点"，并且对读取操作而言可能也是如此，因为近期文档通常比旧文档更有可能被更新和读取。

散列分片键可以在这里派上用场，因为散列值将均匀分布在分片中。

图 14-3 展示了单调递增的分片键如何影响使用散列分片键或范围分片键对集合进行插入操作的性能。在此示例中，分片键是 orderDate，它总是随着时间的推移而增加。使用散

列分片，插入操作在分片之间均匀分布。在范围分片场景中，所有文档都插入一个分片中。散列分片键不仅将工作负载分布在多个节点上，而且还可以提高吞吐量，因为单个节点上的数据争用较少。

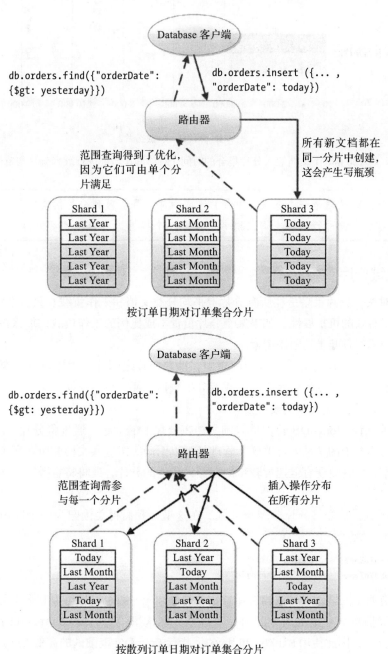

图 14-2　范围分片和散列分片的比较

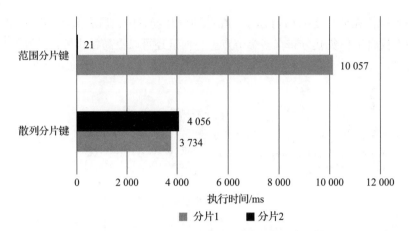

图 14-3　将 120 000 个文档插入分片集合的时间（对单调递增键进行散列分片与范围分片）

 提示 如果分片键必须是一个永久（单调）递增的值，那么散列分片键更可取。但是，如果需要对分片键进行范围查询，请考虑对另一个属性进行分片的可能性。

14.1.6　区域分片

大多数时候，分片策略是在所有分片上平均分配文档和工作负载。只有平均分配负载，才有希望获得有效的可扩展性。如果某个分片负责不成比例的工作负载，那么该分片可能会成为整体应用程序吞吐量的限制因素。

然而，进行分片还有另一种可能的原因，即在分片之间分配工作负载以便数据在网络传输上更接近需要该数据的应用程序，或者分配数据以便"热"数据位于昂贵的高性能硬件上、"冷"数据存储在更便宜的硬件上。

区域分片 允许 MongoDB 管理员微调文档在分片上的分布。通过将分片与区域相关联，并将该区域与集合中的一系列键关联，管理员可以明确决定这些文档驻留在哪个分片上。这可用于将数据归档到更便宜但速度较慢的存储设备上的分片，或将特定数据定向到特定数据中心或地理位置。

要创建区域，首先将分片分配给区域。在这里，我们将美国归为一个区域，将其他地区归为另一个区域：

```
sh.addShardToZone("shardRS2", "US");
sh.addShardToZone("shardRS", "TheWorld");
```

即使只有两个区域，也可以拥有任意数量的分片——每个区域可以有多个分片。

现在，我们将分片键范围分配给每个区域。在这里，我们按 Country（国家）和 City（城市）进行分片，因此使用 MinKey 和 MaxKey 指代 Country 范围内的高低 City 值：

```
sh.addTagRange(
  "MongoDBTuningBook.customers",
```

```
    { "Country" : "Afghanistan", "City" : MinKey },
    { "Country" : "United Kingdom", "City" : MaxKey },
    "TheWorld");

sh.addTagRange(
    "MongoDBTuningBook.customers",
    { "Country" : "United States", "City" : MinKey },
    { "Country" : "United States", "City" : MaxKey },
    "US");

sh.addTagRange(
    "MongoDBTuningBook.customers",
    { "Country" : "Venezuela", "City" : MinKey },
    { "Country" : "Zambia", "City" : MaxKey },
    "TheWorld");
```

然后，我们会将“US”区域的硬件定位在美国某处，将“TheWorld”的硬件定位在其他地方（可能是欧洲）。我们还在每个区域部署 mongos 路由器。

最终，从美国路由器发出的 US 查询的延迟更低，其他地区的查询也类似。当然，如果从欧洲查询美国数据，网络往返时间会更长。但是，如果从某个区域发出的查询主要查询分区到该区域的数据，那么整体性能会得到提高。

随着应用程序的增长，我们可以在其他区域添加更多区域。

 提示　区域分片可用于跨地理分布数据，减少特定于区域的查询的延迟。

区域分片的另一个用途是将旧数据归档到缓慢但便宜的硬件上。例如，如果我们有数十年的订单数据，则可以为旧数据创建一个区域，将这些数据托管在 CPU、内存较少的虚拟机或服务器上，甚至是磁盘上而不是优质 SSD 上。最近的数据可以保存在高速服务器上。对于给定的硬件预算，这可能会带来更好的整体性能。

14.2　分片平衡

getShardDistribution() 方法可以显示跨分片的数据细分。下面是一个平衡的分片集合示例：

```
mongo> db.iotDataHshard.getShardDistribution()

Shard shard02 at shard02/localhost:27022,localhost:27023
  data : 304.04MiB docs : 518520 chunks : 12
  estimated data per chunk : 25.33MiB
  estimated docs per chunk : 43210

Shard shard01 at shard01/localhost:27019,localhost:27020
  data : 282.33MiB docs : 481480 chunks : 11
```

```
estimated data per chunk : 25.66MiB
estimated docs per chunk : 43770

Totals
 data : 586.38MiB docs : 1000000 chunks : 23
 Shard shard02 contains 51.85% data, 51.85% docs in cluster, avg obj size
 on shard : 614B
 Shard shard01 contains 48.14% data, 48.14% docs in cluster, avg obj size
 on shard : 614B
```

在平衡的分片集群中，每个分片中大约有相同数量的块和相同数量的数据。如果分片之间的块数不一致，那么平衡器应该能够迁移块使集群回归平衡状态。

如果块的数量大致相当，但是每个分片中的数据量差异很大，那么可能是分片键分布不均匀。单个分片键值不能跨越块，因此如果某些分片键具有大量文档，则会产生大量的"巨型"块。巨型块是次优的，因为其中的数据不能有效地分布在分片中，因此更大比例的查询可能会发送到一个分片中。

14.2.1 分片再平衡

假设你选择了适当的分片键类型（范围类型或散列类型），并且该键具有正确的属性——高基数、均匀分布、查询频繁、非单调递增。在这种情况下，块可能会在分片之间得到很好的平衡，因此，将获得分布良好的工作负载。但是，有几个因素可能会导致分片失去平衡，使得某个分片上存在的块比另一个分片上的块多得多。发生这种情况时，该节点将成为瓶颈，直到数据重新均匀地分布到多个节点，如图 14-4 所示。

图 14-4　一组不平衡的分片：大部分查询都会去往分片 1

如果我们能够在分片之间保持适当的平衡，查询负载更有可能在节点之间平均分配，如图 14-5 所示。

幸运的是，只要在分片之间检测到足够大的差异，MongoDB 就会自动重新平衡分片集合。这种差异的阈值取决于总块的数量。例如，如果有 80 个或更多块，则阈值将是分片上最多块和最少块之间的差值，不超过 8。如果块数在 20 ~ 80 之间，则阈值为 4；如果块少于 20，则阈值为 2。

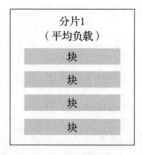

图 14-5　一组相对平衡的分片：查询负载将均匀分布

如果检测到这种差异，分片平衡器将开始迁移块以重新平衡数据的分布。在特定范围内插入大量新数据或添加分片时会触发此迁移行为。新的分片最初是空的，因此会导致块分布存在巨大差异，需要重新平衡。

balancerStatus 命令允许查看当前的平衡器状态：

```
mongos> db.adminCommand({ balancerStatus: 1})
{
        "mode" : "full",
        "inBalancerRound" : false,
        "numBalancerRounds" : NumberLong(64629),
        "ok" : 1,
        "operationTime" : Timestamp(1604706062, 1),
        ...
}
```

在上面的输出中，mode 字段表示平衡器已启用，inBalancerRound 字段表示平衡器当前未分发块。

尽管 MongoDB 会自动进行再平衡，但再平衡并非没有性能影响。在块迁移期间，带宽、工作负载和磁盘空间使用率都会增加。为了减轻这种性能损失，MongoDB 一次只会迁移一个分片的块。此外，每个分片一次只能参与一次迁移。如果块迁移正在影响应用程序性能，则可以尝试以下方法：

❏ 修改平衡器窗口。
❏ 手动启用和禁用平衡器。
❏ 更改块大小。
下面将讨论它们。

修改平衡器窗口

平衡器窗口是平衡器处于活动状态的时间段。修改平衡器窗口将防止平衡器在给定时间窗口之外运行；例如，你可能只想在应用程序负载最低时平衡块。在此示例中，我们将重新平衡限制在从晚上 10:30 开始的 90min 窗口：

```
mongos> use config
switched to db config
mongos> db.settings.update(
... { _id: "balancer" },
... { $set: {activeWindow :{ start: "22:30", stop: "23:59" } } },
... { upsert: true })
WriteResult({ "nMatched" : 1, "nUpserted" : 0, "nModified" : 1 })
```

> **注意** 选择平衡窗口时，必须确保提供足够的时间来平衡当天的所有新单据。如果窗口太小，剩余块的累积效应将会使分片越来越不平衡。

禁用平衡器

可以禁用平衡器并稍后重新启用它。例如，可以在每晚修改大量文档的批处理窗口期间禁用平衡器，因为你不希望平衡器在此过程中"瞎忙活"。

在使用这种方法时要小心，因为未能重新启用平衡器可能会导致分片严重失去平衡。下面是一些让平衡器停止和重新启动的代码：

```
mongos> sh.getBalancerState()
true
mongos> sh.stopBalancer()
{
        "ok" : 1,
        "operationTime" : Timestamp(1604706472, 3),
        . . .
}
mongos> sh.getBalancerState()
false
mongos> sh.startBalancer()
{
        "ok" : 1,
        "operationTime" : Timestamp(1604706529, 3),
        . . .
}
mongos> sh.getBalancerState()
true
```

> **注意** 禁用平衡器后，迁移可能仍在进行中。你可能需要等到 sh.isBalancerRunning() 返回 false 以确保平衡器已完全停止。

更改块大小

chunksize 选项（默认为 64MB）将决定块在被分割之前会增长到多大。通过减小chunksize，可以拥有更多的小块。这将增加迁移次数和查询路由时间，但也会提供更均匀的数据分布。通过增大 chunksize，可以拥有更少但更大的块；这在迁移和路由方面会更有效，但可能会导致更多数据位于一个块中。此选项不会立即生效，必须更新现有块或在块中插入数据才能触发块分割行为。

> **注意** 一旦块被分割，它们将不能通过增大 chunksize 来重新组合，所以在减小这个参数时要小心。此外，有时块可能会超出此参数代表的大小但无法拆分，因为所有文档都具有相同的分片键。这些不可分割的块被称为巨型块。

每一个再平衡选项都会在保持集群平衡和优化再平衡开销之间进行权衡。持续再平衡可能会对吞吐量造成明显的拖累，而允许集群失去平衡可能会对单个分片造成性能瓶颈。没有"万能"的解决方案，但为再平衡操作建立维护窗口是一种低风险和低影响的方法，可确保再平衡操作在高峰期不会导致性能下降。

> **提示** 为再平衡操作建立维护窗口通常是保持集群平衡同时避免过度重新平衡开销的最佳方式。

在使用这些方法直接控制平衡器之前，请尽量避免分片失去平衡！仔细选择分布良好的分片键是很好的第一步。如果集群正在面对持续提高的再平衡开销，那么可以考虑使用散列分片键。

14.2.2　更改分片键

如果你确定选择不当的分片键产生了性能开销，则有一些方法可以更改该分片键。在 MongoDB 中更改或重新创建分片键并不是一个简单的过程，也不是一个快速的过程，没有可以运行的自动进程或命令。更改集合分片键的过程比一开始就创建分片键的工作量更大。更改现有分片键的过程是：

1. 备份数据。
2. 删除整个集合。
3. 创建新的分片键。
4. 导入旧数据。

你可以想象，对于大型数据集，这可能是一个漫长而乏味的过程。

这个尴尬的过程使得从一开始就考虑、设计和实现好的分片键变得更加重要。如果不确定自己是否拥有正确的分片键，则使用较小的数据子集来创建测试集合会很有用。这样，就可以在观察分布的同时创建和重新创建分片键。请记住，在选择要测试的数据子集时，它必须能代表整个数据集，而不仅仅是单个块。

虽然 MongoDB 不明确支持更改分片键，但从 4.4 版本开始，它确实支持一种无须完全重新创建即可提高现有分片集合性能的方法。在 MongoDB 中，这称为**细化分片键**。

细化分片键时，我们可以向分片键添加其他字段，但不能删除或编辑现有字段。可以添加这些后缀字段以增加块粒度并减小块的大小。请记住，平衡器不能拆分或移动由单个分片键的文档组成的巨型块（大于 chunksize 选项的块）。通过细化分片键，我们可以将巨型块分成许多更小的块，然后重新平衡这些块。

想象一下，若应用程序相对较小，最初按 Country 字段分片就足够了。但是，随着应用程序的增长，在一个国家/地区将拥有大量用户，从而产生了巨型块。通过使用 District（区域）字段细化这个分片键，我们增加了块的粒度，从而消除了由巨型块造成的永久性不平衡。

以下是使用 District 属性细化 Country 分片键的示例：

```
mongos> db.adminCommand({
    refineCollectionShardKey:
        "MongoDBTuningBook.customersSCountry",
        key: {
            Country: 1, District: 1
        }
})
{
        "ok" : 1,
        "operationTime" : Timestamp(1604713390, 40),
        . . .
}
```

> 📷 **注意** 要细化分片键，必须确保新的分片键属性上存在匹配索引。例如，在前面的代码片段中，{Country: 1, District: 1} 上必须存在索引。

请记住，细化分片键不会立即对数据分布产生影响：它只会提高平衡器拆分和重新平衡现有数据的能力。此外，新插入的数据将具有更细的粒度，这将导致更少的巨型块和更平衡的分片。

14.3　分片查询

分片可能会帮助你不陷入写入瓶颈，但如果关键查询受到负面影响，那么分片项目不能被认为是成功的。我们希望分片不会导致查询性能下降。

14.3.1　分片解释计划

像往常一样，我们可以使用 explain() 方法来查看 MongoDB 将如何执行请求，即使请求是跨分片集群的多个节点执行的。通常，在查看分片查询时，我们希望使用 executionStats 选项，因为只有该选项才能展示工作负载是如何在集群中分配的。

下面是分片查询的 executionStats 示例。在输出中，我们应该看到一个 shards 步骤，其中每个分片都有对应的子步骤。下面是分片查询输出的解释的截断版本：

```
var exp=db.customers.explain('executionStats').
    find({'views.title':'PRINCESS GIANT'}).next();

mongos > exp.executionStats {
    "nReturned": 17874,
    "executionTimeMillis": 9784,
    "executionStages": {
        "stage": "SHARD_MERGE",
        "nReturned": 17874,
        "executionTimeMillis": 9784,
        "shards": [
            {"shardName": "shard01",
             "executionStages": {
                "stage": "SHARDING_FILTER",
                    "inputStage": {
                        "stage": "COLLSCAN"}}},
            {"shardName": "shard02",
             "executionStages": {
                "stage": "SHARDING_FILTER",
                    "inputStage": {
                        "stage": "COLLSCAN"}}}]}}
```

该计划表明通过对每个分片执行集合扫描，然后在将数据返回给客户端之前合并结果（SHARD_MERGE）即可解决查询。

调优脚本（参见第 3 章）为分片查询生成一个易于阅读的执行计划。下面是此输出的一个示例，它显示了每个分片上的计划：

```
mongos> var exp=db.customers.explain('executionStats').
        find({'views.title':'PRINCESS GIANT'}).next();

mongos> mongoTuning.executionStats(exp)

1    COLLSCAN ( ms:4712 returned:6872 docs:181756)
2    SHARDING_FILTER ( ms:4754 returned:6872)
3   Shard ==> shard01 ()
4    COLLSCAN ( ms:6395 returned:11002 docs:229365)
5    SHARDING_FILTER ( ms:6467 returned:11002)
6   Shard ==> shard02 ()
7  SHARD_MERGE ( ms:6529 returned:17874)

Totals:  ms: 6529  keys: 0  Docs: 411121
```

当我们组合来自多个分片的输出时，会发生 SHARD_MERGE 步骤，表示 mongos 路由器从多个分片接收数据，将它们合并为统一的输出。

如果我们发出一个按分片键过滤的查询，那么可能会看到一个 SINGLE_SHARD 计划。在以下示例中，集合按 LastName 分片，因此 mongos 能够从单个分片中检索所有需要的数据：

```
mongos> var exp=db.customersShardName.explain('executionStats').
         find({'LastName':'HARRISON'})

mongos> mongoTuning.executionStats(exp)
1        IXSCAN ( LastName_1_FirstName_1 ms:0
                    returned:730 keys:730)
2        SHARDING_FILTER ( ms:0 returned:730)
3        FETCH ( ms:149 returned:730 docs:730)
4     Shard ==> shard01 ()
5     SINGLE_SHARD ( ms:158 returned:730)

Totals:  ms: 158  keys: 730  Docs: 730
```

14.3.2 分片键查找

当查询包含分片键时，MongoDB 可能利用单个分片查询就能够查到。

例如，如果按 LastName 进行了分片，那么对 LastName 的查询解析如下：

```
mongos> var exp=db.customersSLName.explain('executionStats').
              find({LastName:'SMITH','FirstName':'MARY'});

mongo> mongoTuning.executionStats(exp);
1        IXSCAN ( LastName_1 ms:0 returned:711 keys:711)
2        FETCH ( ms:93 returned:9 docs:711)
3        SHARDING_FILTER ( ms:93 returned:9)
4     Shard ==> shardRS ( ms:97 returned:9)
5     SINGLE_SHARD ( ms:100 returned:9)

Totals:  ms: 100  keys: 711  Docs: 711
```

但是，请注意，在前面的示例中，我们缺少 LastName 和 FirstName 的组合索引，因此查询的效率低于预期。我们应该优化分片键使其包含 FirstName，或者简单地在两个属性上创建新的复合索引：

```
mongo> var exp=db.customersSLName.explain('executionStats').
              find({LastName:'SMITH','FirstName':'MARY'});
mongo> mongoTuning.executionStats(exp);

1        IXSCAN ( LastName_1_FirstName_1 ms:0 returned:9 keys:9)
2        SHARDING_FILTER ( ms:0 returned:9)
3        FETCH ( ms:0 returned:9 docs:9)
4     Shard ==> shardRS ( ms:1 returned:9)
5     SINGLE_SHARD ( ms:2 returned:9)

Totals:  ms: 2  keys: 9  Docs: 9
```

提示 如果查询包含分片键和其他过滤条件，则可以通过创建包含分片键和这些附加属性的索引来优化查询。

14.3.3　意外分片合并

只要有可能,我们希望将查询发送到单个分片。为此,我们应该确保分片键与查询过滤器对齐。

例如,如果按 Country 分片,但按 City 查询,MongoDB 将需要进行分片合并,即使给定城市的所有文档都在包含该城市的国家的分片中:

```
mongo> var exp=db.customersSCountry.explain('executionStats').
            find({City:"Hiroshima"});

mongo> mongoTuning.executionStats(exp);

1     IXSCAN ( City_1 ms:0 returned:544 keys:544)
2     FETCH ( ms:0 returned:544 docs:544)
3    SHARDING_FILTER ( ms:0 returned:0)
4    Shard ==> shardRS ( ms:2 returned:0)
5     IXSCAN ( City_1 ms:0 returned:684 keys:684)
6     FETCH ( ms:0 returned:684 docs:684)
7    SHARDING_FILTER ( ms:0 returned:684)
8    Shard ==> shardRS2 ( ms:2 returned:684)
9   SHARD_MERGE ( ms:52 returned:684)

Totals: ms: 52  keys: 1228  Docs: 1228
```

按 City 而不是 Country 进行分片可能会更好,因为 City 具有更高的基数。在这种情况下,将 Country 添加到查询过滤器同样有效:

```
mongo> var exp=db.customersSCountry.explain('executionStats').
            find({Country:'Japan',City:"Hiroshima"});

mongo> mongoTuning.executionStats(exp);

1     IXSCAN ( City_1 ms:0 returned:684 keys:684)
2    FETCH ( ms:0 returned:684 docs:684)
3    SHARDING_FILTER ( ms:0 returned:684)
4   Shard ==> shardRS2 ( ms:2 returned:684)
5   SINGLE_SHARD ( ms:55 returned:684)

Totals: ms: 55  keys: 684  Docs: 684
```

> 提示　只要有意义的话,就将分片键添加到对分片集群执行的查询中。如果分片键未包含在查询过滤器中,则查询将被发送到所有分片,即使数据只存在于其中一个分片中。

14.3.4　分片键范围

如果分片键是范围分片键,那么我们可以使用该键来执行索引范围扫描。例如,在此示例中，我们按 orderDate 对订单进行了分片：

```
mongo> var startDate=ISODate("2018-01-01T00:00:00.000Z");
mongo> var exp=db.ordersSOrderDate.explain('executionStats').
            find({orderDate:{$gt:startDate}});

mongo> mongoTuning.executionStats(exp);

1     IXSCAN ( orderDate_1 ms:0 returned:7191 keys:7191)
2     SHARDING_FILTER ( ms:0 returned:7191)
3     FETCH ( ms:0 returned:7191 docs:7191)
4   Shard ==> shardRS2 ( ms:16 returned:7191)
5   SINGLE_SHARD ( ms:68 returned:7191)

Totals:  ms: 68  keys: 7191  Docs: 7191
```

但是，如果实现了散列分片，则需要在每个分片中进行集合扫描：

```
mongo> var exp=db.ordersHOrderDate.explain('executionStats').
          find({orderDate:{$gt:startDate}});
mongo> mongoTuning.executionStats(exp);

1     COLLSCAN ( ms:1 returned:2615 docs:28616)
2     SHARDING_FILTER ( ms:1 returned:2615)
3   Shard ==> shardRS ( ms:17 returned:2615)
4     COLLSCAN ( ms:1 returned:4576 docs:29881)
5     SHARDING_FILTER ( ms:1 returned:4576)
6   Shard ==> shardRS2 ( ms:20 returned:4576)
7   SHARD_MERGE ( ms:72 returned:7191)

Totals:  ms: 72  keys: 0  Docs: 58497
```

 提示 如果经常对分片键进行范围扫描，则范围分片比散列分片更可取。但是，请记住，如果键值不断增加，范围分片可能会导致"热"点。

14.3.5 排序

当从多个分片中检索排序数据时，排序操作分两个阶段进行。首先，数据在各自分片上进行排序，然后返回到 mongos，其中 SHARD_MERGE_SORT 将排序的输入组合成一个合并的排序输出。

支持排序的索引（包括分片键索引）可以在每个分片上使用，以加快排序，但即使按分片键排序，最终的排序操作仍然必须在 mongos 上执行。

以下一个按 orderDate 对订单进行排序的查询示例。分片键可用于在对 mongos 执行最终 SHARD_MERGE_SORT 之前按排序顺序从每个分片返回数据：

```
1     IXSCAN ( orderDate_1 ms:22 returned:527890 keys:527890)
2     SHARDING_FILTER ( ms:58 returned:527890)
```

```
3    FETCH ( ms:87 returned:527890 docs:527890)
4    Shard ==> shardRS2 ( ms:950 returned:527890)
5      IXSCAN ( orderDate_1 ms:29 returned:642050 keys:642050)
6      SHARDING_FILTER ( ms:58 returned:642050)
7    FETCH ( ms:102 returned:642050 docs:642050)
8    Shard ==> shardRS ( ms:1011 returned:642050)
9  SHARD_MERGE_SORT ( ms:1013 returned:1169940)
```

Totals: ms: 1013 keys: 1169940 Docs: 1169940

如果没有合适的索引来支持排序，则需要在每个分片上执行阻塞排序：

```
1      COLLSCAN ( ms:37 returned:564795 docs:564795)
2      SHARDING_FILTER ( ms:70 returned:564795)
3    SORT ( ms:237 returned:564795)
4    Shard ==> shardRS ( ms:1111 returned:564795)
5      COLLSCAN ( ms:30 returned:605145 docs:605145)
6      SHARDING_FILTER ( ms:78 returned:605145)
7    SORT ( ms:273 returned:605145)
8    Shard ==> shardRS2 ( ms:1315 returned:605145)
9  SHARD_MERGE_SORT ( ms:1363 returned:1169940)
```

Totals: ms: 1363 keys: 0 Docs: 1169940

排序优化的一般注意事项适用于每个分片排序。特别是需要确保不超过每个分片的排序内存限制，更多详细信息请参见第 6 章。

14.3.6　非分片键查找

如果查询不包含分片键选项，则查询将发送到每个分片，并将结果合并回 mongos。例如，下面我们对每个分片执行一次集合扫描，并在 SHARD_MERGE 步骤中合并结果：

```
mongo> var exp=db.customersSCountry.explain('executionStats').
                  find({'views.filmId':637});

mongo> mongoTuning.executionStats(exp);
1      COLLSCAN ( ms:648 returned:10331 docs:199078)
2      SHARDING_FILTER ( ms:648 returned:10331)
3    Shard ==> shardRS ( ms:1602 returned:10331)
4      COLLSCAN ( ms:875 returned:4119 docs:212043)
5      SHARDING_FILTER ( ms:882 returned:4119)
6    Shard ==> shardRS2 ( ms:1954 returned:4119)
7  SHARD_MERGE ( ms:2002 returned:14450)
```

Totals: ms: 2002 keys: 0 Docs: 411121

SHARD_MERGE 没有任何问题，我们应该能预见到大部分查询都需要以这种方式解决。但是，应该确保在每个分片上运行的查询都是优化过的。前面的示例中明确指出需要对 views.filmId 建立索引。

提示 对于必须针对每个分片执行的查询，请确保使用前几章中讲到的索引和文档设计原则将每个分片的工作负载降至最低。

14.3.7　聚合和排序

在执行聚合操作时，MongoDB 会尝试将尽可能多的工作推送到分片。分片不仅负责聚合操作的数据访问部分（例如 $match 和 $project），还负责满足 $group 和 $unwind 操作所需的预聚合功能。

分片聚合的解释计划包含一个独特的部分来说明聚合是如何实现的。

例如，考虑以下聚合：

```
db.customersSCountry.aggregate([
    { $unwind:  "$views" },
    { $group:{    _id:{ "views_title":"$views.title"  },
             "count":{$sum:1}
        }
    },
]);
```

此聚合的执行计划包含一个独特的部分，显示如何在聚合中将工作拆分：

```
"mergeType": "mongos",
"splitPipeline": {
  "shardsPart": [
    {
      "$unwind": {
        "path": "$views"
      }
    },
    {
      "$group": {
        "_id": {
          "views_title": "$views.title"
        },
        "count": {
          "$sum": {
            "$const": 1
          }
        }
      }
    }
  ],
  "mergerPart": [
    {
      "$group": {
        "_id": "$$ROOT._id",
```

```
          "count": {
            "$sum": "$$ROOT.count"
          },
          "$doingMerge": true
        }
      }
    ]
  },
```

mergeType 部分告诉我们哪个部分将执行合并操作。我们希望在这里看到 mongos，但在某些情况下，我们可能会看到合并操作被分配给其中一个分片，在这种情况下，我们会看到 primaryShard 或 anyShard。

splitPipeLine 表示发送到分片的聚合阶段。在此示例中，我们看到 $group 和 $unwind 操作将在分片上执行。

最后，mergerPart 向我们展示了合并节点（在此例中为 mongos）中将进行的操作。

对于最常用的聚合步骤，MongoDB 会将大部分工作下推到分片并在 mongos 上组合输出。

14.3.8 分片 $lookup 操作

分片集合只部分支持使用 $lookup 的连接操作。$lookup 阶段的 from 部分中引用的集合不能是分片集合。因此，$lookup 的工作不能跨分片分布。所有工作都将在包含查找集合的主分片上进行。

 $lookup 不完全支持分片集合。$lookup 管道阶段中引用的集合不能是分片集合，尽管初始集合可能是分片的。

14.4 小结

分片机制为大型 MongoDB 实现提供了"横向扩展"解决方案。特别是它允许写入工作负载分布在多个节点上。但是，分片会增加操作复杂性和性能开销，不应轻易实施。

分片集群实现的最重要的考虑因素是分片键，应谨慎选择。分片键应该具有高基数，以允许随着数据增长而拆分块，应该支持可以对单个分片进行操作的查询，并且应该在分片之间平均分配工作负载。

再平衡操作是 MongoDB 为保持分片平衡而执行的后台操作。再平衡操作可能会导致性能下降：你可能希望调整再平衡操作以避免这种情况或将再平衡操作限制在维护窗口内。

分片集群上的查询调优与单节点 MongoDB 上的大多数方案相同，索引和文档设计仍然是最重要的因素。但是，应该确保可以包含分片键的查询确实能够包含该键，并且存在索引以支持路由到每个分片的查询。

推荐阅读

数据库系统概念（原书第6版）

作者：Abraham Silberschatz 等　译者：杨冬青 等
中文版：ISBN：978-7-111-37529-6，99.00元
中文精编版：978-7-111-40085-1，59.00元

数据集成原理

作者：AnHai Doan 等　译者：孟小峰 等
ISBN：978-7-111-47166-0　定价：85.00元

数据库系统：数据库与数据仓库导论

作者：内纳德·尤基克 等　译者：李川 等
ISBN：978-7-111-48698-5　定价：79.00元

分布式数据库系统：大数据时代新型数据库技术 第2版

作者：于戈 申德荣 等
ISBN：978-7-111-51831-0　定价：55.00元

推荐阅读